下町ボブスレーの挑戦

ジャマイカ代表とかなえる夢

細貝淳一
下町ボブスレーネットワークプロジェクト
ゼネラルマネージャー
奥田耕士
大田区産業振興協会

朝日新聞出版

はじめに

下町ボブスレープロジェクトは、東京都大田区の小さな町工場が集まり、冬季五輪のボブスレー競技で使うソリを開発・製作している。私たちの夢は、五輪に出場し、独ＢＭＷ製など世界最先端のソリが並ぶ競技場で下町ボブスレーを指差し、「俺たちみんなで作ったソリだぞ！」と自慢することだ。

その夢は、あと一歩で実現するところまできている。私たちのソリは、映画「クール・ランニング」で有名なジャマイカ代表ボブスレーチームに採用された。愛するジャマイカ選手たちはいま、２０１８年2月の韓国・ピョンチャン冬季五輪の出場権を獲得するために戦い、下町ボブスレー10号機とともに世界を転戦して順調にポイントを蓄積している。

ここまで来るのに、実にいろいろなことがあった。本書は、プロジェクトのゼネラルマネージャー・細貝淳一と、事務局役を務める公益財団法人大田区産業振興協会・奥田耕士がプロジェクトの経緯を記録した。ボブスレーの神様に翻弄された山あり谷あり、涙あり笑いありのストーリーを、フィクションと思う読者がいるかもしれないが、すべて実際に起こったことを記録している。数えてみると登場人物は30人を超えている。それぞれの方の役職は当時のもので、その後異動された方も多い。また、中心メンバーは敬称を略させていただいた。プロジェクトを支えてくれたたくさんの方々に深く感謝する。

大田区の町工場は1983年の約9000社から、現在は約3500社まで減少してしまった。発注側の大手企業が工場を中国など海外に移し、日本国内での部品生産の仕事が失われた影響は大きい。円高、リーマン・ショック、東日本大震災と次々に襲いかかる苦難を乗り越えた3500社の町工場はいま、それぞれが他社にない技術的な強みを持ち、大手企業の次期新製品の部品を試作するといった高度な仕事をこなしている。しかし、顧客企業と守秘義務契約を結んでいることが多く、町工場が実際にどんな仕事をしているのかは、なかなかアピールできない。

下町ボブスレープロジェクトは、そんな町工場がボブスレーという完成品を自ら作り、五輪の舞台で性能を証明することで、世界から仕事を獲得することを目指している。1台あたり約150個の部品は100社を超える大田区町工場が無償で製作し、開発やテストにはレーシングマシンメーカーや元ボブスレー選手のアドバイスを受けている。最初に下町ボブスレーの企画書を書いたのは大田区産業振興協会の若い職員だが、2011年末の最初の会議以降、町工場有志による民間プロジェクトとして展開し、行政が広報活動を中心に側面支援する形で進んできた。

2012年に手探りで作った下町ボブスレー1号機は、当時の女子トップ選手に使っていただき、全日本ボブスレー選手権にてデビュー戦を優勝で飾る。その実績から2013年には競技団体である日本ボブスレー・リュージュ・スケルトン連盟（日本連盟）と包括協力協定を結び、2014年2月のロシア・ソチ冬季五輪向けの2号機・3号機を製作。五輪出場という夢はあっさり実現するかと思われた。

しかし、現実は甘くなかった。ソチ五輪直前に日本代表チームの選手・監督は外国製のソリを選択した。下町ボブスレーは2013年11月に日本連盟から「テストする時間的余裕がない」との理由で最初の不採用通告を受ける。本書はそこからプロジェクトが復活する過程を記録しており、2013年12月に出版した『下町ボブスレー』（朝日新聞出版）の続編にあたる。初期の出来事は前編の『下町ボブスレー』をお読みいただけると嬉《うれ》しい。

ボブスレーの神様はいたずらで、下町ボブスレーに試練を与え続けてくれた。それでも我々は、町工場の仲間や活動資金を提供してくれるスポンサー各社とともに、いつもジョークを飛ばしながら6年も活動を続け、10台ものソリを作って遠い南の島・ジャマイカまで行動範囲を広げてきた。

いま、ピョンチャン五輪参戦という夢は、すぐ目の前、手の届くところにある。「あきらめなければ、いつか夢は叶《かな》う」という言葉を、私たちは信じている。

2017年11月

細貝淳一・奥田耕士

下町ボブスレーの挑戦◉目次

第3章 2度目の不採用通知を越えて

第4章 世界への挑戦

第5章 いざピョンチャンへ

ブックデザイン◉遠藤陽一（デザインワークショップジン）
図2◉朝日新聞メディアプロダクション

第1章

反撃開始

脇田は肉離れを押して全日本ボブスレー選手権に出場、右足だけのケンケンスタートで奮闘した（2013年12月22日）

１　伝説のケンケンスタート

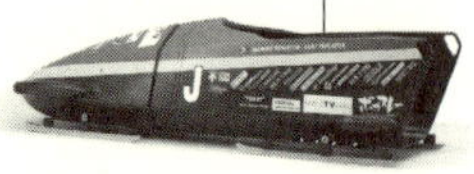

凸凹コンビ

下町ボブスレーの名誉挽回は、凸凹コンビに託された。下町ボブスレープロジェクトは、１カ月前に日本ボブスレー・リュージュ・スケルトン連盟（日本連盟）から「ロシア・ソチ五輪では下町ボブスレーを使わない」との不採用通告を受けていた。

凸凹コンビの凸は、元日本代表ボブスレー選手の脇田寿雄。１９８８年のカナダ・カルガリー五輪から１９９８年の長野五輪まで４大会連続出場の勇者だが、すでに引退から10年、48歳にしては若いとはいえ、ぴったり身体に張り付くレーシングスーツのお腹はぽっこりふくらんでいる。凹は、大学生の中村一裕。円盤投げの優秀な選手で抜群のダッシュ力を誇るものの、ボブスレーはまったくの初心者であり、まだたった5回しか滑走したことがない。

この二人で２０１３年12月22日に開かれる全日本ボブスレー選手権に出場し、外国製のソリで出場する現役の日本代表選手に挑戦する。下町ボブスレープロジェクトは、大田区町工場の技術を結集したソリの性能を証明するため、脇田の卓越した操縦技術と、後ろで押す若い中村の爆発力に賭けたのだった。

2013年12月15日、長野スパイラルで全日本選手権の前哨戦となる「チャレンジカップ」という小さな大会が開かれていた。長野スパイラルは、長野駅前から飯綱高原スキー場へ向かう古いバスに乗り30分。正門を入ると正面につるつる滑る坂があり、登ったところに管理棟と駐車場。正門から左の道に進むと、ソリの格納庫がある。長野冬季五輪のために建設されたソリ競技専用競技場で、小さな山全体に全長1700m、高低差113m、15のカーブで構成するコースがレイアウトされている。

格納庫では、脇田、メカニックの鈴木信幸、この日のブレーカーを務める窪田豊彦が下町ボブスレー2号機をメンテナンスしていた。窪田はプロの格闘家で、脇田の友人だった。がっしりした体格に金髪の迫力ある男だが、窪田はボブスレー競技はまったくの初心者である。このチャレンジカップで10位以内に入ることが、全日本選手権出場の条件になっていた。48歳とはいえ、オリンピアンの脇田にとっては「楽勝の大会」のはずだった。

山頂のスタート地点までは、トラックがソリと人間をピストン輸送している。長野五輪からずっと使っているのであろう古いトラックは、タイヤに巻いた太いチェーンの振動とともに派手に揺れながら雪の山道を登っていく。スタートハウスは木造りの北欧風デザインで、ソリを10台ほど並べるスペースがあり、その先に1700mのコースが口を開けている。隣には選手が待機する暖かい部屋があり、建物の前には選手がアップのためのランニングをする広場、その向こうには遠く雪の山々が重なり合う風景が広がっていた。

選手の待機部屋に脇田と窪田が座っている。脇田は鈴木と応援に来ていた公益財団法人大田区産業振興協会の広報担当主任を呼ぶと、壁の方を向いて小声でささやいた。

「やっちまった。アップの時、ブチブチと音がした。これはやばいやつだ」

「?!　大丈夫なんですか?」

「たぶん、肉離れ。ソリを押すのは無理」

「……どうしますか?　棄権しますか?」

「だめ。ここで滑らないと全日本選手権の出場権を取れない。テーピングで固めれば操縦はできる。何とかする」

脇田は痛みをこらえている。滑走の決意は固い。

「それより、ゴール後にソリを重量計測の台に乗せる作業ができない」

「わかりました。ゴール地点でサポートします」

広報主任が雪の坂道を転びながら駆け下りていった。

脇田は激痛をこらえながら、チャレンジカップに出場した。

通常、ボブスレー競技のスタートは、前に乗る「パイロット」と呼ばれる選手がソリの左側に立ち、「ブレーカー」と呼ばれる選手がソリの後ろに立つ。パイロットはボディから突き出したプッシュバー、ブレーカーはソリ後部を持ち、全力で押しながらスタートダッシュしてソリに飛び乗る。滑走中はパイロットがハンドルを操作、ブレーカーは空気抵抗を小さくするよう上体をかがめてじっとしており、ゴールライン通過後にブレーカーがブレーキをかけてソリを止める。

ところが、肉離れの脇田はダッシュができない。最初から運転席に座り、金髪の窪田が鬼の形相でソリを押し出す。

チャレンジカップで10位以内に入らなければ、全日本選手権に出場できない。だが、チャレンジカップに出場したのはたった3チーム。すなわち、ゴールラインまで走りきれば全日本選手権に出場できる。日本のボブスレーの選手層は薄い。ボブスレー競技の関係者に日本のボブスレー選手は全部で何人?と聞くと、「鈴木さんと、小林さんと……」といきなり人名を挙げて数え始めるほどの選手層の薄さは日本ボブスレー界の大問題だが、今回だけは下町ボブスレーを救った。

ボブスレーの速度は最終的に時速100㎞を超え、カーブでは強烈な横Gで左右に身体を振られる。脇田は激痛と横Gに右足1本の踏ん張りで耐え、完走した。

しかし、1週間後の全日本選手権までに、脇田の足は回復するのだろうか?

激動の毎日

脇田の大ケガからさかのぼること、約2カ月。2013年10月8日、下町ボブスレーネットワークプロジェクト推進委員会委員長の細貝淳一と、日本ボブスレー・リュージュ・スケルトン連盟の北野貴裕会長は、共同記者会見で「共にソチ五輪を目指そう！」とがっちり握手していた。

大田区産業プラザPｉOで開いたこの記者会見で、下町プロジェクト側は完成したばかりの下町ボブスレー2号機を披露、日本連盟側は翌年2月のロシア・ソチ五輪に出場する日本代表選手を発表。ソチ五輪に出場する日本代表は男子1チームで、パイロットはすでに4度の冬季五輪で日本代表を務めた鈴木寛選手が絶対的なエースとして選抜されていた。

全テレビ局・新聞社のカメラの列の前に下町ボブスレーと日本代表選手が並び、フラッシュの光を浴びていた。そして、この日からチャレンジカップまでの間、細貝は、天国から地獄へと、ボブスレーがコースを疾走するようなスピードで、激動の毎日を送ることになる。

10月15日、最後の調整を完了した下町ボブスレー2号機はカナダ・カルガリーへと空輸された。ソリを追って日本代表チームもカルガリーへ出発、成田空港には下町プロジェクトのメンバー（下町メンバー）多数が見送りに行き、エールとともに遠征費用として寄付金300万円を贈った。この時点で日本代表チームは、まだ五輪の出場権が確定していない。北米の地域大会であるノースアメリカンカップを転戦してポイントを稼ぎながら、下町ボブスレーの熟成を進めることになっていた。ここで出てきた選手からの要望を、日本に残した3号機に反映し、選手がポイントを稼いで帰国するころには、ソチ五輪本番用のスペシャルマシン3号機が完成している、という作戦だった。

10月末、メカニックとして日本代表チームに帯同したマテリアルの鈴木信幸から、下町ボブスレーと外国製ソリの比較テストが行われるとの情報が伝わる。

組織としての日本連盟は下町ボブスレー採用を前提に動いていた。しかし、石井和男監督と日本代表の鈴木選手が率いる競技の現場は、カルガリーにもう一台、ラトビアのBTCというメーカーのソリを持ち込んでいた。このソリは昔からボブスレー競技を応援している個人スポンサーが購入してくれたもので、過去の五輪でも実績がある最新鋭のソリだった。

11月7日、比較テストの結果、ラトビア製ソリの方が若干速く、下町ボブスレーは10項目ほどの改修が必要との連絡が入る。改修項目には、ブレーキをかけた時に削れた氷がソリに入ってくるのを防いでほしいといった初歩的なものだけでなく、プッシュバーの高さやブレーカーの着座位置の変更という、本来、共同開発の最初の段階で固めなければならない項目が含まれていた。

細貝は「なぜもっと早く言ってくれなかったんだ」と愕然《がくぜん》としながらも、「すべてすぐ改修できます」と回答した。

11月11日、ノースアメリカンカップ出場のための「車検」に相当するマテリアルチェックで、下町ボブスレーのボディ形状に問題があるとの指摘を受ける。下町ボブスレー2号機のフロントノーズ（先端）は、自動車レースのF1マシンのように、とがった先端から少し下がったところに左右のバンパーが張り出している。マテリアルチェックを担当した審査員からは、バンパーはボディ先端部からなだらかなラインで張り出していなければならないと指摘されたが、国際ボブスレー連盟（国際連盟）が定めるレギュレーションブックに、そんな条項はない。強いて言えば、車体各部の寸法規制をまとめた参考のイラスト図に描かれたボブスレーは、バンパーが先端から張り出す「イカの頭」のような形状になっていた。
審査員個人の裁量の部分で「特殊な形状」と指摘されたと思われるが、国際連盟に異議を申し立てている時間はなかった。しかも、CFRP（炭素繊維強化樹脂）ボディの修正は現地の鈴木メカニックだけではできなかったため、下町ボブスレー2号機を急遽《きゅうきょ》、日本へ戻して改修することが決まった。

11月26日、日本連盟から「改修作業を検証する時間的余裕がない」としてソチ五輪での不採用通告。この間、細貝は「改修項目はすべて修正可能で、12月10日から米国・レイクプラシッドで始まるワールドカップ（W杯）までには改修を完了したソリを提供できる」と説明していたが、「改修可能」と説明するたびに監督・選手は新たな指摘を追加し、改修要望項目は最終的に「フレームの色は赤でなく黒に」といったものまで含め27項目までふくれ上がっていた。

現場の監督・選手はラトビア製ソリの使用を希望していた。下町ボブスレー側は新型車に改修を加えて熟成する、というものづくりの常識でスケジュールを組んでいたが、競技者側はカルガリーに届いた瞬間に完璧なソリを求めていた。ポイントを稼いで五輪出場権を手に入れなければならない競技者側に、下町ボブスレーの改修に付き合う心の余裕はなかった。

11月30日・土曜日。大田区産業プラザPiOに、下町ボブスレー2号機・3号機の製作に協力した町工場を集め、ソチ五輪不採用の経緯を説明する会が開かれた。休日ではあるが、力を貸してくれた仲間に一刻も早く報告する必要がある、との細貝の判断だった。

図1　ボブスレーの構造

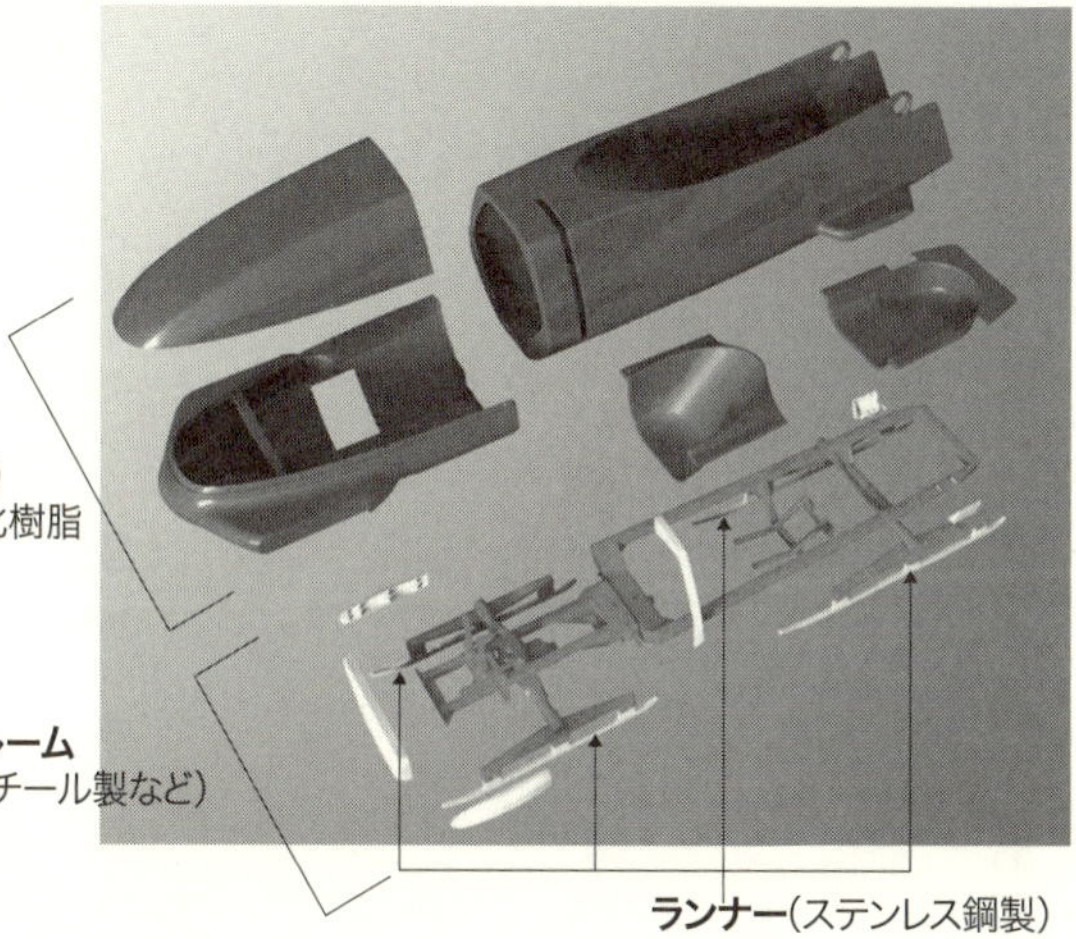

それまで明るく軽いノリで活動してきた下町ボブスレーが、初めて経験する沈痛な雰囲気の説明会。重苦しい空気を破って発言したのは、プロジェクトのスタート当初から協力していた元日本代表選手の脇田だった。

「外国製ソリとの比較テストは、ラトビア→ラトビア→下町ボブスレーの順で3本滑走していますが、ボブスレー競技では滑走のたびにコースが荒れて、後ろの滑走順ほどタイムが落ちるのは常識です。このわずかなタイム差は、むしろ同等の性能であることを示していると言っていい。そもそも、こんな重要な比較テストを3本の滑走だけで決めるなんておかしい。滑走順を入れ替え、十分なテスト時間を確保するべきです」

脇田は会場を見渡して一呼吸おいた。

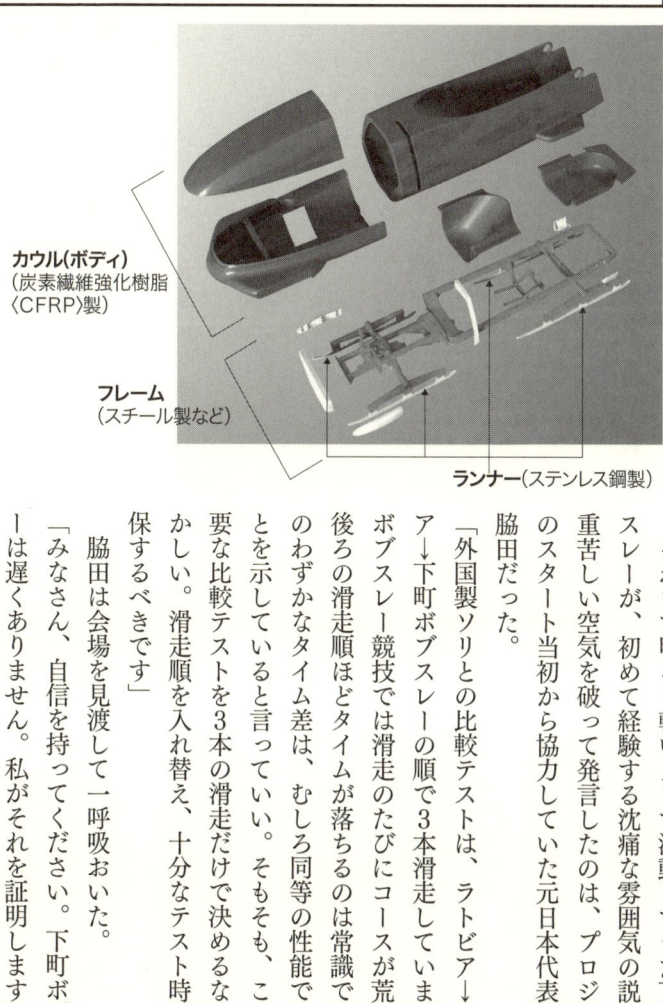

「みなさん、自信を持ってください。下町ボブスレーは遅くありません。私がそれを証明します」

脇田の力強い発言により、12月22日の全日本選手権までにすべての改修を完了し、レースの場で下町ボブスレーの性能を証明することが決まった。

一方、日本代表チームは、今後、五輪本番まで下町ボブスレーには乗らず、外国製ソリでの習熟を進めると通告してきていた。48歳、引退から10年の脇田の操縦技術で町工場の技術力を証明するという挑戦は、時間との戦いだった。

大田区の大応援団

2013年12月22日・日曜日。全日本ボブスレー選手権。

長野スパイラルは青空の下、雪をかぶった木々が朝の光を浴びてきらきらと光っていた。早朝に大田区を出発した大型観光バスが正門前に止まり、下町ボブスレー応援団の参加者50人を降ろしている。製作に協力した町工場の社長だけでなく、その奥さんや子供、地元の専門学校の学生たちがまぶしい朝日に目を細めながら周囲を見渡し、子供たちは光る雪景色に歓声をあげて走り出した。

そんな大田区の大応援団を、「浅川スパイラル友の会」のみなさんが出迎えた。浅川スパイラル友の会は、長野五輪後も市内のソリ競技ファンが集まり、ボランティアでコース周辺の清掃を行うなどの活動を行っていた。管理棟の会議室に案内された応援団の面々に、名産のリンゴや甘酒がふるまわれ、あちらこちらで会話に花が咲いている。

長野スパイラルは韓国・ピョンチャン五輪のコースが完成するまで、日本国内はもちろんアジア唯一のソリ競技専用コースとして競技を支えていた。しかし、日本国内のソリ競技の選手層は薄く、年に一度の全日本選手権ですら、例年は選手とわずかな関係者のみでひっそりと開催されていた。長野スパイラルを管理する長野市は国の補助金を除いても年間1億2000万円の管理費を支出しており、そのあまりに大きすぎる負担と利用する競技関係者の少なさから、長野スパイラルは常に存続の危機がささやかれていた。大田区からの大応援団の来訪は、長野スパイラルの存続を願う友の会にとって、嬉《うれ》しい出来事だった。

そのころ格納庫では、脇田と中村、メカニックの鈴木が下町ボブスレー2号機の最終メンテナンスを行い、その様子をプロジェクト委員長の細貝が見つめていた。脇田の肉離れが完治するという奇跡は起こらなかった。脇田は左足を引きずりながら、

「それでも歩けるようにはなった」

と笑っている。格納庫内でのソリの移動など力

下町ボブスレーの名誉挽回がかかった全日本ボブスレー選手権には、大田区から50人を超える大応援団が駆けつけた（2013年12月22日）

仕事はすべて大学生の中村がこなし、

「任せてください。優勝しちゃいます」

「優勝したら焼肉をおごってやるよ」

「特上カルビですからね」

「口じゃなく手を動かせ」

と、細貝と軽口をやり取りしている。


今回の全日本選手権には、3台の下町ボブスレーが出場することになっていた。2号機で出場する脇田・中村チームのほか、男子の中堅選手である徳永翔・和久憲三チームが3号機、日本連盟の要請で女子の押切麻李亜・指田《さしだ》紗貴チームが1号機だった。徳永選手は実績のある中堅選手で、チャレンジカップの会場で下町メンバーに声をかけられ、テストした下町ボブスレーを評価してくれた。日本代表に選ばれなかった悔しさから全日本選手権でのリベンジを狙っていた。女子は前年まで絶対的な存在だった吉村美鈴・浅津このみチームが引退し、新世代の押切選手の成長が期待された。

下町ボブスレー組で最も実績のある選手は脇田だったが、肉離れに苦しんでいる。男子の優勝候補は日本代表エースの鈴木寛選手で、2位も日本代表のセカンドチームが有望だった。下町ボブスレーが勝つ可能性は低かったが、レースはやってみなければわからない。ソチ五輪では不採用になったが、下町ボブスレーの意地がかかっていた。

脇田は自分が乗るソリとして下町ボブスレー2号機を選択していた。カルガリーから急遽回収した2号機は、基本的な改修しか行わず、ほぼ下町ボブスレーの当初の設計そのままのソリだった。対して徳永選手が乗る3号機は、日本代表チームが挙げた27の要望をすべて反映した当初予定のソチ五輪スペシャルモデルだったが、脇田は2号機の方が速いと判断していた。押切選手には、下町ボブスレープロジェクトが初めて作り前年の全日本選手権で優勝した1号機が提供された。

対して現役・日本代表の鈴木選手は、ラトビア製ソリが海外にあるため、長野市が保有するドイツ・シンガー社製のソリで出場することになっていた。「下町ボブスレーvs実績のある外国製ソリ」の構図である。

山頂のスタートハウスへ移動するのに、トラックは選手とソリ専用となっていた。50人の応援団は1時間ほどかけて雪の山道を登り、快晴の太陽を浴びて大汗をかいていた。スタート地点からコースの両側に陣取った応援団を、下町ボブスレープロジェクトの中心メンバーである國廣愛彦《くにひろよしひこ》が仕切っている。

「じゃあみなさん、応援の練習をしますよー。シタマチ・チャチャチャチャ、ワキタ・チャチャチャチャ、ナカムラ・チャチャチャチャの後、はじめは小さく、だんだん大きく、ウオ・オ・オ・オーーッ！っと盛り上げます。さあ、やってみましょう」

大応援団はすでに大田区から長野へ走るバスのなかでも、応援の練習を済ませていた。下町→パイロット名→ブレーカー名の順でチャチャチャチャを叫ぶ練習を繰り返す。

「それと、僕たちは日本のボブスレーを応援しているんですから、当然、日本代表チームも応援しますよ。はい、練習しましょう。スズキ・チャチャチャチャ！」

静かに関係者だけで行われていた全日本選手権に、応援団の大声援が沸き起こる。この大騒ぎを日本連盟の関係者に「うるさい」と思われてはまずい。國廣は頭の回転が早い。

「みなさーん、選手の集中を邪魔してはいけません。応援は選手名がアナウンスされた直後だけですよー。その後は、静かにスタートを見守り、滑走が始まったらGO！　GO！　GO！　GO！　GO！と大声で見送ります。よろしくお願いしまーす！」


レースが始まった。今年の全日本選手権に参加したのは男子6チーム、女子4チーム。それぞれ2本ずつ滑走し、その合計タイムで順位を競う。

ボブスレーの成績は「スタートダッシュ」「操縦技術」「ソリの性能」で決まり、その比率は3分の1ずつとされる。「スタートダッシュ」は、最初に2人の選手が重いソリを押しながらどこまで加速できるかであり、当然、初速が速い方が良い。どれだけ加速できたかは助走区間の経過時間＝スタートタイムで見る。このタイムが短いほど、初速が速い。「操縦技術」は、タイムロスにつながる壁面への衝突や横滑りをなくし、いかにスムーズにソリをゴールまで滑走させるか。コースの途中4カ所にタイムの計測ポイントがあり、どのカーブで成功したか失敗したかがわかる。「ソリの性能」は無駄な振動の吸収や操縦特性、空気抵抗、クルマでいえばタイヤに相当する氷と接するランナー（ソリの刃）の抵抗、さらに選手の好みといった要素が複雑にからみあう。

優勝候補筆頭、現役日本代表の鈴木寛・宮崎久チームの1本目。

スタートタイムは5秒12で1位。途中の計測ポイントもすべて1位のタイムで通過し、53秒56でゴール。瞬間最高速度は時速128・1㎞に達した。速い。スタートタイムは2位の日本代表セカンドチームに0・1秒の差をつけている。ダッシュという身体能力でも、操縦技術という経験でも、他を寄せ付けない「キング」の滑走だ。

「シタマチ・チャチャチャ！　ワキタ・チャチャチャチャ！　ナカムラ・チャチャチャチャ！　ウオオオオオオーッ！」

地の底から盛り上がるような大声援とともに、脇田・中村チームがスタートラインに立った。学生の中村は握りしめた拳でバシバシと自分の胸を叩《たた》き、気合を入れている。脇田は静かに下町ボブスレー2号機の右側に立ち、動かない左足を運転席にそっと入れた。

通常、パイロットはソリの左側に立ち、ボディから突き出したプッシュバーを押しながら走り出し、ソリに飛び乗ってプッシュバーを格納し、滑走体制に入る。肉離れのために走れない脇田は、普通に考えれば最初から運転席に座り、中村だけが後ろから押してスタートするところだ。しかし、脇田は下町ボブスレーの性能を証明するため、町工場のみんなの期待に応えるため、日本のものづくりの素晴らしさを伝えるため、ほんの少し、たとえ0・0001秒でもスタートタイムを縮めるために、使える右足で地面を蹴ることを選択した。

「いくぞ」

脇田と中村が握手し、ヘルメットのシールドを下ろし、スタートの姿勢で静止する。一瞬の静寂。次の瞬間、中村のウオオオーッという雄叫びとともに下町ボブスレー2号機が動き出した。左足を運転席に入れ、フロントカウル（ボディ）に手をつき、右足で必死に地面を蹴る脇田。伝説の「ケンケンスタート」。それは無様な姿だったが、笑う者は一人もいなかった。大応援団の「GO！　G

ゆく。

「GO！　GO！　GO！　GO！」という叫びを受けながら、下町ボブスレー2号機がコースへ消えてゆく。

「脇田・中村チーム、スタートしました。スタートタイム、5秒73」

場内アナウンスを聞きながら、下町メンバーは、一斉にスタートハウスの隣にある選手の休憩棟に駆け込み、壁にかけられた液晶テレビの画面を見つめた。コースの各地点に設置されたカメラが、滑走する下町ボブスレー2号機の姿を映し出す。

トップの鈴木・宮崎チームとのスタートタイムの差は、0・61秒。初速の違いはその後の滑走すべてに影響し、スタートタイムの差は3倍になってゴールタイムに影響すると言われる。脇田・中村チームのスタートタイムは、出場6チーム中5位。この時点でレースは負けが決まったようなものだが、下町メンバーに落胆する者はいない。かつてのキングである脇田のスムーズな操縦で、ゆっくり滑り始めた下町ボブスレーが次第に速度を上げていく姿を凝視している。

第1計測ポイント、通過タイム20秒94、4位。第2計測ポイント、32秒90、3位。下町ボブスレー2号機は次第に速度を上げ、脇田はコーナーを抜けるたびに順位を上げていく。第3計測ポイント、40秒31、3位変わらず。第4計測ポイント、45秒61、3位変わらず。

「行けーっ、脇田ーっ！」

ゴールタイム、54秒64、2位。

「やったーっ！」

脇田は最後の最後で日本代表セカンドチームをかわし、2位でゴールした。その差、わずかに0・19秒。スタートハウスに戻った脇田と中村を下町メンバーが囲み、中村は「よっしゃーっ!」と気合を入れている。

勝負は2本目の滑走にかかってきた。コースが荒れてタイムが落ちる2本目は、ほんの若干とはいえ、初速が遅い脇田・中村チームのハンデを緩和する。ミスをしたチームが負ける。

キング鈴木・宮崎チームはまったくプレッシャーを感じさせず、スタートタイムも通過タイムもすべて1位で滑走し、1本目から0・24秒プラスの53秒80でトップ通過。セカンドチームも0・35秒プラスの55秒18でまとめてきた。

脇田・中村チーム、2度目のケンケンスタート。スタートタイムは1本目と同じ5秒73でやはり5位。かつてのキングとして五輪を4大会戦った脇田も負けてはいない。やはり4位、3位と順位を上げていく。ゴールラインを通過し、中村がブレーキをかけて下町ボブスレー2号機が静かに停止する姿がモニターに映し出された。競技場にいる全員の目がタイムの表示ボードに向けられる。

「脇田・中村チーム、ゴールしました。ゴールタイムは55秒01」

日本代表セカンドチームより速い。不採用通告を受けた下町ボブスレー2号機が、凸凹コンビのケンケンスタートで、全日本ボブスレー選手権の準優勝を勝ち取った。

「やったーっ!」

下町ボブスレー応援団の全員が、小躍りして肩を組んだ。配布されたレース結果のタイム表には、通過順位とタイムのほかに、下町ボブスレー2号機の瞬間最高速度が、トップチームを0・5㎞上回る時速128・6㎞に達したことを示していた。初速の遅かったソリが、滑るほどに加速し、参加6台のソリのなかで最高の速度を記録した。下町ボブスレーは速い。脇田の執念が、それを証明してくれた。

表彰式。まだボブスレーに乗るのが6回目だった中村が、表彰台で銀メダルをかじってはしゃいでいる。下町ボブスレーの2年間を追跡取材してきたテレビ局のディレクターが、カメラを回しながら涙を流している。

下町メンバーのなかに泣いている者はいなかった。全員の満面の笑みは、下町ボブスレープロジェクトが不採用通告で失いかけた「自信」を取り戻したことを示していた。

2　青い目の先生

ハルトルさん

レオンハルド・ザングトヨハンサー。下町メンバーは、誰もこのフルネームを覚えることができず、みな「ハルトルさん、ハルトルさん」と呼んでいる。本当は初対面で気安くニックネームで呼べるような人ではなく、レオンハルド氏はボブスレーの強豪・ドイツの代表選手として2005年W杯・サンモリッツ大会で銅メダルを獲得した経歴を持つ。引退後はドイッチームのスタッフとして指導にあたり、40歳になったいま、ソリのテストパイロットとしても活躍していた。

そんなハルトルさんが、2014年1月14日に来日し、3週間前に全日本ボブスレー選手権で準優勝したばかりの下町ボブスレー2号機を長野スパイラルでテストしてくれることになった。

全日本選手権で準優勝しても、日本連盟の結論は変わらなかった。ソチ五輪での不採用が確定し、当面、日本代表選手は下町ボブスレーに乗ってくれない。普通の人間なら絶望してプロジェクト継続を断念するのかもしれない。しかし、「伝説のケンケンスタート」で準優勝をもぎとった下町メンバ

ーの頭には「やめる」という考えはまったく浮かばず、「次のピョンチャン五輪を目指す」ことが決まっていた。

下町ボブスレープロジェクトのリーダーである細貝淳一は、プロジェクトメンバーの取りまとめより、スポンサーへの対応に気を揉むことになった。ボブスレー競技はソリの開発・製作のほかに、ソリや人間を海外へ送る遠征費など年間数千万円の資金を必要とする。協賛スポンサーの理解なくして先へは進めない。下町ボブスレーがソチ五輪に出場できなくなったいま、怒り出すスポンサーがいても不思議ではなかった。

細貝は、下町ボブスレープロジェクトのメインスポンサーであるNTTぷららの板東浩二社長を訪ねた。NTTぷららはNTTのグループ会社で、インターネットテレビ「ひかりTV」などを手がけ、下町ボブスレーのルポルタージュ番組も作ってくれていた。東京・池袋のサンシャイン60の本社オフィスを訪ねると、板東社長の執務室に招き入れられた。

「すみません。せっかく応援していただいたのに、ソチ五輪には出場できなくなりました」

「通過点でしょう」

怒られると思っていた細貝に、板東社長が語りかける。

「たくさん夢を見させてもらっているし、これまでのメディア露出を考えれば広告効果も上がっています。次を目指しましょう。これからも応援させてもらいますよ。ちゃんと夢を実現しましょう」

ありがたい言葉だった。

下町ボブスレーのスポンサーは、単に資金を提供するだけでなく、それぞれの本業を生かしプロジェクトの一員として活動しているところが多い。例えば、日本通運はソリの空輸手配、全日空は選手・メカニックの渡航チケット提供、精密測定機器のミツトヨはランナーの平行度を確認するための専用装置を用意するなどしていた。

ソリ製作や輸送に関わらないスポンサーも、独自の支援方法を考え出してくれた。地元のさわやか信用金庫は「下町ボブスレー応援定期預金」を開発。ゼロ金利政策の下では預金金利から寄付を引くと利息がなくなってしまうため、集めた資金をまとめて運用し、運用益を下町プロジェクトに寄付するという凝った金融スキームで応援してくれていた。

そんなスポンサーのなかには、ソチ五輪不採用を聞いて怒るどころか「大変だと思いますが、がんばってください。これみなさんで」とビール券を置いていってくれるところまであった。細貝は、そんなスポンサー各社への対応で必要なのは、これまでの経緯の「言い訳」ではなく、「ピョンチャン五輪で勝つための戦略」の説明が重要だと考えた。

「当面、日本連盟には期待できない。世界の強豪に学び、もっと速いソリを作る必要がある」

細貝は、ドイツにいる栗山浩司に下町ボブスレーをテストしてアドバイスをくれる人物の紹介を依頼した。

栗山は、同じソリ競技の一種であるリュージュの元日本代表選手で、引退後は後進の指導にあたり、現在はドイツに本部を置くソリの国際競技連盟でコーディネーターとして活動している。ソチ五輪ではソリ競技を中継するNHKに解説者を頼まれていた。栗山を下町ボブスレープロジェクトに紹介したのは、下町ボブスレーのボディ製作と全体設計を担当する東レ・カーボンマジックの奥明栄社長である。奥社長は1990年代に幻の国産ボブスレー開発プロジェクトに参加、当時、リュージュ日本代表監督を務めていた栗山や、ボブスレー日本代表選手だった脇田寿雄と交流があった。

細貝の依頼を聞いた栗山は、日頃から親しみを込めて「ハルトル」と呼んでいるレオンハルド・ザングトヨハンサー氏の日本行きをコーディネートし、案内役として自らも同行することにしたのだった。

1月14日に来日したハルトルさんは、外国人らしい長身で、スポーツ選手らしいがっちりした体格を持つ、青い目の真面目な人物だった。テストは翌15日・水曜日から金曜日まで3日間。当然、下町メンバーが責任持ってハルトルさんをアテンドするのだが、みな中小企業の社長である下町メンバーが、平日に仕事場を離れるのは負担が大きい。ローテーションを組み、交代で長野へ行く計画になっていた。

長野スパイラルのソリ格納庫は倉庫のような建物で、トラックの荷台からそのままソリを移せるように床が高い。なかに入ると、ソリを1台ずつ格納するケージが二段重ねで両側に並び、立体駐車場のようなっている。ケージにはさまれたスペースでは、日本人選手たちが床に置いたソリをメンテナンスしている。

細貝とメカニックの鈴木をはじめとする下町メンバーとハルトルさんは、格納庫の入り口近くに陣取った。下町ボブスレー2号機と3号機、比較用に用意したドイツ・ドレスデン社製のソリを並べてある。下町メンバーはみな言葉にこそ出さないが、ハルトルさんにソリをケチョンケチョンにけなされたらどうしよう、そんな不安が少しだけ心のなかにあった。1号機が前年の全日本選手権で優勝し、今年も2号機がケンケンスタートで準優勝して性能を証明したとはいえ、それはボブスレー発展途上国である日本での話に過ぎない。世界のトップを知るハルトルさんは、下町ボブスレーにどんな言葉を発するのだろう。

ドレスデン社製ソリは、資金不足に悩む日本の選手たちが先輩から代々引き継いできた古いソリで、外車ではあるが骨董品に近いものだった。車体を確認したハルトルさんが顔をしかめる。

元ドイツ代表選手のザングトヨハンサー氏は、長野スパイラルで下町ボブスレーをテストした（2014年1月15日）

「ステアリングが曲がっている。命を預ける道具なのに信じられない。ドイツでは、選手が自分でソリを修理・メンテナンスするのは当たり前だ」

日本人選手ももちろん、ランナーの研磨やステアリングの調整といったメンテナンスは行っているのだが、少し本格的な修理になるとものづくりのプロである下町メンバーに「直してもらえませんか」と依頼がくることが多かった。一方でハルトルさんは、ドレスデンのソリのステアリング機構を分解、修正し、器用に組み直した。ボブスレー競技の先進国と発展途上国では、やはりいろいろ違うところがあるらしい。

続いて下町ボブスレー2号機をチェック。ハルトルさんはソリのあちこちを触りながら確認してゆく。

「この部品は、なぜこのような形状にした?」

「一体削り出しにすることで、強度と精度の確保を狙っています」

「うん、理にかなっている」

細貝と鈴木がハルトルさんの質問に答える。通訳は同行してきた栗山にも頼めるが、NHKが連れてきた通訳をちゃっかり使い倒すところが下町プロジェクトらしい。ソリの足回りを手で押して動作を確認していたハルトルさんは、

「この部品はもう少し短くした方がいい。ここにスペースを確保できるから、足回りの可動領域を広げることができる」

といった具体的なアドバイスを連発した。細貝は「言うことが論理的だ。日本人選手が『振動をもっと小さく』といった感覚的なリクエストを出すのとは全然違う」と感じていた。

トラックで山頂のスタートハウスへ移動し、滑走テストが始まった。最初の滑走はケンケンスタートのヒーロー・脇田がパイロットを務め、ハルトルさんが後ろに乗ることになった。前シーズンの全

日本選手権の女子2人乗りで下町ボブスレー1号機で優勝した浅津このみや、6回目の滑走で全日本選手権銀メダリストになってしまった大学生の中村一裕、そのほか居合わせた日本人選手たちが、元ドイツ代表選手を興味深そうに見つめている。

笑顔ではあるがまだ左足が痛む脇田は最初からコックピットに収まり、ハルトルさんが静かに押して下町ボブスレー2号機は動き出し、1700mのコースへ消えていった。つつがなくゴールしたのをモニター画面で見届けた下町メンバーには、ハルトルさんがトップスタートに戻ってくるまでの時間が長く感じられた。

トラックの荷台から下町ボブスレー2号機を引きずり出したハルトルさんを、下町メンバーとメディアの記者が囲む。何を言われるかわからないのに、その場にメディアを呼んでしまう開けっぴろげさが、また下町プロジェクトらしい。

「思っていたより良いソリだ。思っていたより加速する」

下町メンバーが、小さくガッツポーズを作った。パイロットをハルトルさんに交代し、さらに滑走テストが続く。ドレスデンとの比較はあまり意味がなく、がぜん下町ボブスレーに興味を持ったハルトルさんは、格納庫に戻ると次々とアドバイスを口にした。言葉のやり取りだけなら難しいが、「モノ」を目の前にした町工場はのみこみが早い。活発に意見が交換され、メカニックの鈴木が一心にメモを取っている。

「ボブスレーでは、ソリは重い方が有利だ。体重の軽い日本人選手が乗るなら、ソリ本体をもっと重くしてもいいのではないか」

「2号機は小型・軽量化を開発コンセプトにしています。最初に作った1号機は、これより30kgほど重く、全長も長いです」

「そのソリにもぜひ乗ってみたい」

長野スパイラルの格納庫は日本人選手のソリで埋まっており、格納用のケージは日本連盟が融通してくれた2台分しか借りられなかった。しまうところのない1号機は、全日本選手権終了と同時に大田区へ送り返していた。細貝が東京にいる下町メンバーに号令をかけ、関鉄工所の関英一が日頃付き合いのある小さな運送会社を説得し、急遽、下町ボブスレー1号機を雪の長野へ運んでもらうことになった。

ボブスレーの滑走は高度な集中力を求められるうえ身体的な負担も大きく、日本人選手の1日の滑走は2～4本程度に限られていた。しかし、ドイツチームのテストパイロットであるハルトルさんは、3日間で24本ものテストをこなした。そして、テストを終了したハルトルさんは、なんと

「私は、1号機が一番好きだ」

と言った。考え抜いて小型・軽量化した2号機、さらにそこから日本代表チームの27もの改修要望に応えた3号機より、手探りで初めて作った1号機の方がいいと言われるのだから世の中はわからない。

ソリで氷の坂を滑り降りる時、重い方がスピードが出ることはみんな知っている。国際連盟は、条件を平等にするため、レギュレーションでソリ単体および、選手が乗った時の総重量の最大値を規制

している。このため世界のボブスレー界では、軽いソリに体重の重い選手が乗るのがトレンドとなっている。軽いソリの方が、スタートダッシュで押し出しやすい。さらにソリは極力軽量に仕上げ、総重量を調整するためのウエイト（重り）を、ソリのなるべく真ん中、なるべく下につけることで、カーブを曲がる時の安定性を確保するのが定石だった。

2号機の「小型・軽量化」という設計思想が間違っているとは思えない。ハルトルさんの1号機好きを聞いた細貝は、

「クルマの好みが人それぞれ違うように、ボブスレー選手にも重厚なソリが好きな人、軽快なソリが好きな人といった好みがあるようだ」

と考えた。イタリアのフィアットのような軽快なスポーツカーより、ドイツ人のハルトルさんはどっしりしたBMWが好きなのかもしれない。日本代表チームは既製品だが実績のあるラトビア製ソリを選択した。しかし、世界のトップは、自分の好みのソリを作り上げてくれる下町ボブスレーのようなメーカーを求めているのではないか。細貝は手応えを感じていた。

五輪で勝つ条件

2014年1月18日・土曜日、ハルトルさんの帰国前に記者会見を開催した。会場となる大田区産業プラザPiOは、京浜急行電鉄の京急蒲田駅前にあり、その建物は金属とガラスを多用し工作機械のバイト（刃）をイメージした鋭角の三角形デザインがモダンな雰囲気を醸し出している。下町ボブ

スレーの広報を担当する大田区産業振興協会や、そのほか東京都中小企業振興公社、大田工業連合会、東京商工会議所大田支部などの団体が集結し「中小企業振興の城」として機能している。

朝8時には下町プロジェクトと大田区産業振興協会のスタッフがP・iOに集まり、長野スパイラルに置き場所がなく返送されてきた下町ボブスレー1号機を1階の展示スペースに運び込んだ。下町プロジェクトには、こういった小さな仕事が無数にあり、町工場の社長たちが交代でこなしている。ハルトルさんと栗山が長野新幹線で戻るのを待ち、13時会見スタート。すでにソチ五輪での不採用が決定しているうえ休日だというのに、メディア4社が取材に来てくれた。

まず細貝から今回のテストの経緯や概要を報告し、ハルトルさんの出番となった。

「下町ボブスレーは良いソリだ。4年後のピョンチャン五輪まではさらにいいソリになるだろう」

記者から「日本のボブスレー競技に必要なものは?」との質問が飛ぶ。

「ソリだけでなく、選手の育成が必要だ。ドイツにはボブスレーの滑走コースが4つあるのに、日本選手は長野でしか練習できない。五輪で勝つためには、選手もソリメーカーも、さまざまなコースで経験を積む必要がある」

ハルトルさんは、ドイツに下町ボブスレーを送ってくれれば、さらに徹底したテストを行えると申し出てくれた。ソリの保管もハルトルさんの自宅ガレージで預かってくれるという。下町プロジェクトは、ボブスレーの本場・欧州に開発とテストの足場を得ることができた。

ボブスレー先進地域の欧州と発展途上の日本には大きな差がある。設備、選手層、経験、どれを取っても日本のボブスレー界は大きな課題を抱えていた。

先進国のボブスレーを熟知する栗山は、ハルトルさんだけでなくドイツの競技関係者と信頼関係を築いており、ドイツ代表チームの監督とも親しかった。その監督の紹介により、下町ボブスレーは欧州のランナーメーカーからランナーを購入することができた。ライバルにアドバイスするなど普通ではあり得ない。ボブスレー先進国の青い目の先生たちは、現時点でライバルとは見ていない「ボブスレー不毛の地・日本」で競技を盛り上げようと七転八倒する下町ボブスレーを温かく見つめ、応援してくれた。

シニアヨーロッパカップ参戦

栗山はもうひとつ、下町ボブスレーが欧州に学ぶプロジェクトをセッティングした。下町プロジェクト単独での、欧州実戦参加である。

パイロットが49歳になった脇田であるため、参加する大会は2014年3月1日にオーストリアのインスブルックで開かれる「第34回シニアヨーロッパカップ」が選ばれた。シニアの大会といっても、老人の遊びではない。ボブスレー競技の本場である欧州で、各国の元代表選手が集まる。しかも彼らは欧州に10以上ある滑走コースへ、週末にはクルマで気軽に練習に通い腕前を維持している。全日本選手権よりはるかにレベルの高い大会だった。

現役引退から10年経つ脇田は、現在は外資系企業のサラリーマンである。上司に事情を話し有給休暇を取って下町ボブスレーを応援しているが、実力主義で結果を求められる外資系企業のなかでそうそう休めるものではない。急遽、ブレーカーを頼まれた現役時代の盟友、大石博暁も事情は同じだった。脇田は2月28日・金曜日の仕事をいつも通りこなし、その日の深夜便で出発。時差の関係で同じ28日の夜にインスブルックに到着し、翌朝はもう試合。競技を終えると翌3月2日・日曜日の朝には現地を離れ、3月3日・月曜日には職場に復帰するという弾丸ツアーが組まれた。

シニア大会は本気の競技会であると同時に、旧友が再会する機会でもある。試合前日と当日の夜には、選手たちが語り合うパーティーが用意されている。試合前夜の立食での軽いパーティー。天井を太い木の梁で支えるログハウスのような会場では、小さな丸いテーブルに飲み物を置き、欧州各国の元キングたちが会話を弾ませていた。

そこに日本からの長旅を経て遅れて入ってきた二人の日本人に、一斉に視線が注がれる。シニアヨーロッパカップに日本人が出場するのは史上初めてである。

「日本から来たんだって？　よく来た！」

「ソリは日本製？　そいつは興味があるな。どんなソリなんだ？」

「ボディはＣＦＲＰ!?　そいつはすごい」

英語が母国語ではない選手が多いが、脇田を含め世界を転戦した経験を持つ者たちである。物怖じする者はなく、会話が弾む。その会話の中心に下町ボブスレーがあった。

シニアヨーロッパカップの会場となったインスブルックの「オリンピック・ボブスレー・リュージ

ュ・アンド・スケルトントラック・イグルス」は、1975年に完成した伝統ある滑走コースで、全長1270mに複雑な14のコーナーを配している。長野スパイラルとは違うイグルスの硬く引き締まった氷でソリをテストすることは重要だった。

脇田の肉離れはほぼ完治していた。長旅の疲れも見せず、朝から走り込みと柔軟体操で身体を整え、集中力を高めてゆく。全日本選手権と同じオレンジがかった赤と白のレーシングスーツに身を包んだ日本人選手とメードインジャパンのソリの組み合わせは、参加者全員の注目を集めた。スタートタイムは1本目5秒78、2本目5秒82。トップ選手より0・2秒遅れでくらいついた。ゴールタイムは1本目54秒66、2本目54秒69。参加20チーム中9位。ボブスレーの本場・欧州で、ひとけた順位に食い込んだ。

滑走を終えた脇田と下町ボブスレー2号機を選手たちが取り囲む。

「このCFRPボディは、空気抵抗を抑える研究を徹底しているようだな」

「部品一つひとつの仕上げがいいな。美しいソリだ」

脇田が誇らしげに言う。

「日本の町工場が作る部品は、世界一だよ」

下町ボブスレーは欧州で貴重なデータを集めることができた。再びの大活躍となった脇田は、ひとけた順位を達成しても「テストとはいえ、出るからには勝ちたかった」とぶつぶつ言っている。下町プロジェクトに集まった男たちはみな、負けん気が強い。

「大田区から世界への挑戦」を掲げて2011年にスタートした下町ボブスレープロジェクトは、これまで日本国内で日本連盟と協力して活動を展開してきた。日本連盟から不採用通告を受けた下町プロジェクトにとって、２０１４年は本当の意味で世界へ踏み出す年となった。

3　海外への一歩

ソチ冬季五輪

細貝淳一の誕生日は2月17日。２０１４年、48歳の誕生日はロシア・ソチで迎えた。

五輪のために急造されたその宿は、ペンションというより山小屋に毛の生えたような質素なつくり。それでも世界から観戦客が押し寄せて宿が不足するなか、一泊５万円というとんでもない料金設定になっていた。食事もまずい。それどころか、経営者のロシア人が夫婦喧嘩をしていてなかなか食事が出てこない。

「てめえら、いい加減にしろ。さっさと飯を出せ」

と不機嫌になる細貝。それを、同行した下町プロジェクトの舟久保利和、西村修、國廣愛彦、黒坂浩太郎、尾針徹治、大田区産業振興協会の広報担当がなだめ、近くの小さなレストランで細貝の誕生日を祝うことになった。

ロシア・ソチ冬季五輪本番。日本連盟から不採用通知を受けた下町ボブスレーが滑ることはない。

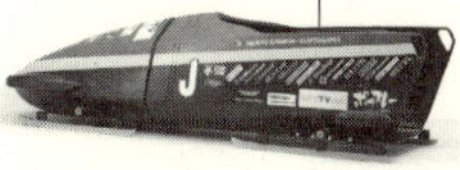

それでも下町ボブスレープロジェクトは、7人のメンバーを送り込んだ。採用を疑わずチケットを取ってしまっていたこともあるが、4年後の韓国・ピョンチャンに向け、五輪本番の会場の作りやタイムスケジュールといった情報を収集しておくことは重要だった。何より、「五輪」の独特な雰囲気を体験しておかなければ、4年後のピョンチャンで雰囲気に飲まれてしまうのではないかと思われた。

もともと観光地であるソチは、ロシアにしては温暖で、競技場を除けば会場のほとんどに雪も氷もない。暑がりの欧米人のなかにはTシャツ姿で歩いている人もいた。観光客が散策するエリアには五輪スポンサーのPRブースなどが並んでいる。計時システムのオフィシャルスポンサーであるオメガのブースにはボブスレーが置かれ、観光客が乗り込んで記念写真を撮っている。モニターに滑走動画が流れ、ボブスレー競技を体感できるアトラクションもあった。ブースには行列ができている。日本ではマイナースポーツであるボブスレーが、欧米では「氷上のF1」とも呼ばれる人気競技であることを実感させた。

東京オリンピック・パラリンピックをPRするブース「ジャパンハウス」には、応援メッセージを自由に書き込める液晶モニターがあった。國廣が「Shitamachi-Bobsleigh From Ota City !!!」と書き込んでいる。英語が話せる舟久保、國廣、黒坂は、ポケットのなかに大田区の印刷会社が無償で作ってくれた下町ボブスレーのピンバッチをジャラジャラさせていた。欧米の五輪観光客の間では、ほかの国の誰かとピンバッチを交換し、なるべくたくさん帽子につけるのが流行らしい。世界から集まった観光客に次々と声をかけてはピンバッチを交換し、「下町ボブスレーよろしくね！」と宣伝して歩いていた。

ボブスレー競技は気温が下がる夜間に行われる。さすがに寒い。コース脇には観戦スタンドが設けられ、各国からやってきた客が自国の代表チームを応援しようと国旗を張り出している。

日本からの観戦客はほとんどいなかった。五輪におけるボブスレー日本代表チームの成績は、過去の最高位が1972年・札幌大会の12位。入賞したことは一度もない。ボブスレー競技は自国開催のチームが有利とされる。まだ誰も滑ったことのない新設コースで、いち早く、誰よりもたくさん練習できるためだ。しかし、日本が自国開催でも入賞できなかったのは無理もない。日本のボブスレー競技の歴史は、札幌冬季五輪の誘致が決まったところから始まっている。誰もやったことのないボブスレーという競技に、北海道大学の学生を中心とする有志が挑戦し、知識も経験もないなかで必死に戦い12位という順位を手にしていた。以来、日本のボブスレー競技は少数の有志が、資金不足と戦いながら続けてきた。

日本で冬季五輪の花形競技といえば、フィギュアスケートや各種のスキー・スケート競技。ボブスレーはメダルを期待できる競技ではなく、国内メディアの注目度は低かった。正確に言えば、下町ボブスレーに注目が集まり、多くのテレビ・新聞が特集番組や特集記事を用意していたが、不採用通告でほとんどがお蔵入りになっていた。ＮＨＫはドラマ「下町ボブスレー」まで制作し五輪直前のゴールデンタイムに地上波での放送を予定していたが、これもまた不採用通告のため、五輪終了後に衛星放送で流すことになっていた。

ソチ五輪を世界に中継するメディアのブースでは、栗山が解説者としてＮＨＫアナウンサーの隣に座り、「下町ボブスレーを使ってもらいたかったですね」とコメントしている。ソチ五輪に出場する日本代表は、国内ではライバル不在の鈴木寛選手。鈴木選手はこのレースを最後に引退することを表明していた。勝利のためにラトビア製ソリを選択した鈴木選手が、選手生活最後のレースで意地を見せることが期待された。

下町ボブスレーのソチ視察団は、複雑な気持ちを心の奥にしまいこんで鍵をかけ、鈴木選手を応援しようと観戦スタンドでワクワクしながらレース開始を待っていた。

「あ、ジャマイカの応援団がいる。あの隣にいれば、絶対、テレビに映りますよ！」

國廣が駆け出していき、誰とでも瞬時に友達になってしまうという特殊な才能を発揮して盛り上がっている。國廣は持参したタブレット端末に日の丸と下町ボブスレーのロゴマークを交互に映し出し、ジャマイカ応援団と、多数を占めるロシア人応援団に下町ボブスレーの説明を始めた。ジャパンコールが起きる。國廣はタブレットを高く掲げた。その姿は本当にテレビ中継の電波に乗って世界中に届けられ、日本でテレビ画面にかじりついていた下町メンバーは、國廣の姿を見つけて笑い転げた。

ジャマイカボブスレーチームは、１９９３年公開のハリウッド映画「クール・ランニング」で世界的な人気チームになった。ジャマイカは１９８８年のカルガリー大会で冬季五輪に初めて参加。雪も氷もない南の島から冬季五輪競技に挑戦した実話を、この映画はコメディタッチでまとめながらスポーツの素晴らしさを描き出した。映画のヒットで知名度が上がり世界から多額の寄付を得たジャマイカチームは、以降の五輪で順位を上げていった。しかし、映画の印象が薄れるにつれて寄付は減る。自国に滑走コースがなく十分練習できないハンデは大きく、今回のソチ五輪は3大会ぶりの参加だった。

しかも、ソチ五輪直前には「ジャマイカボブスレーチーム、資金不足でソリを用意できず。五輪参戦に赤信号」という記事が世界のメディアに流れ、記事を見て映画を思い出した人々の寄付によりぎりぎりでソリを用意するという調子。「下町ボブスレーを提供すれば使ってくれるのでは」とは誰しも考えるところだが、日本人としてまずは日本チームを応援したい。袖にされたとはいえ、包括協力協定を結んでいる日本連盟への義理もある。そもそも、ほとんど地球の裏側に近いジャマイカに何の伝手《つて》もなかった。

競技が始まった。優勝候補は自国開催のロシア。強豪国のドイツ、アメリカが激突し、スイスなど欧州の有力チームが隙をうかがう。残念ながら日本との実力差は明白だった。まず、体格が違う。欧米のトップ選手は日本人よりふた回りは大きいプロレスラーのような体格で、腕の太さが日本人の太ももくらいある。体重はゆうに100kgを超えているが、瞬発力があり足が速い。日本とのタイム差は大きく、下町ボブスレーとラトビア製ソリのわずかなタイム差でカバーできるレベルではなかった。

「エンジンが違う」

細貝がつぶやいた。ボブスレーという乗り物にエンジンはなく、ソリを押し出す選手がエンジンに相当する。どんなに優れたソリを作っても、エンジンがこれだけ違うのでは勝負にならない。

ただし女子選手なら、体格を含め、世界のトップと日本の差が小さい。今さら悔やんでも仕方ないのだが、資金不足の日本連盟はソチ五輪に男子か女子のどちらかひとつのチームしか送ることができず、どちらを送るか決める重要なレースで女子チームは失敗していた。

男子2人乗りの金メダルはやはりロシア。銀メダル・スイス、銅メダル・アメリカ。参加30チーム中、1チームが棄権し、最下位29位はジャマイカ、28位が日本だった。

国内では圧倒的な速さを誇る鈴木選手でも、世界のトップには歯が立たない。世界への挑戦を掲げる下町ボブスレープロジェクトにとって、考えるべきことはたくさんあった。速いソリを作るだけでは勝てない。選手層の拡大、可能性の高い女子選手への注力、資金の確保――。

「どれも、下町ボブスレーが力になれる」

細貝はそう考えていた。

プロジェクトの後継者

ソチツアーの間に、細貝にはもうひとつやっておくことがあった。自分の後継者としてプロジェクトを引っ張る新委員長の指名だ。

細貝は不採用通告を受ける前から、ソチ五輪後のバトンタッチを考えていた。わずか2年の準備期間でソチ五輪に出場しても、いきなり五輪で勝つことは難しいだろう。次のピョンチャンでの好成績を目指すことになり、その時には一回り年下の世代がプロジェクトの中心になった方がいい。不採用通告を受けたいま、けじめをつける必要性はさらに高まっていた。

それは、一人ひとりが自分の会社の社長である下町メンバーにとって、「事業承継」の練習でもあった。大田区に集積する3500の町工場は、従業員3人以下が5割を占め、全体の9割が従業員20人未満と企業規模が小さい。経営者のほとんどは金融機関から資金の借入時に個人保証を求められている。万一、会社が倒産すれば、個人の財産をすべて処分しても返せない借金を背負うことになる。社員のなかに優秀な番頭さんがいても、個人保証のリスクを負って社長になろうという者はめったにおらず、町工場の社長交代は親族が継ぐ世襲制が一般的だった。圧倒的な発言力を持つ社長が引退し、息子や娘に社長を譲った時、先代に忠誠を尽くしてきた社員をいかにまとめ、新しい経営方針を浸透させるか。事業承継は、町工場の経営者にとって大きな課題だった。

下町プロジェクトはほぼ毎月1回、大田区産業プラザＰｉＯの会議室で定例会を開き、情報の共有と判断すべき事項の決定を行っている。細貝はソチ出発前の定例会で、あえて委員長交代の話題を持ち出し、若手の覚悟を試していた。

候補者として最初に下町メンバーの頭に浮かぶのは、その実績から、製作を統括するエース社長の西村修だった。西村の仕事ぶりは誰もが評価している。短期間でソリを製作する手配と工程管理は生易しい仕事ではない。

だが細貝は、あえて

「これからの下町ボブスレーは、世界のボブスレー関係者と話す機会が増える。次の委員長には俺にはない英語力が必要だ」

と次のリーダーの条件を挙げた。その瞬間、プロジェクトメンバーはみな、後継者候補が舟久保利和と國廣愛彦に絞られたことを理解し、同時に細貝の西村に対する気遣いを感じた。

舟久保と國廣が顔を見合わせ、しばしの沈黙。

「トシちゃんがやりなよ」

「僕なんかとてもとても。國廣さんどうですか」

と譲り合う。細貝は、ソチ視察ツアー中にじっくり話し合うことにした。

じっくり話し合うといったら、ソチの宿で部屋に二人を呼びそうなものだが、細貝はモスクワからソチへ飛行機を乗り継ぐトランジットの待ち時間に、さっそく二人に声をかけた。下町ボブスレーは何をするにもスピードが速い。

舟久保利和は試験片を製作する昭和製作所の3代目で、2013年に社長に就任したばかりの34

歳。2代目の父親は現在、大田工業連合会の会長を務めており、舟久保自身も地元工業団体の青年部のリーダーとして若手を束ねている。下町ボブスレープロジェクトにはスタート当初から参加しており、自分を目立たせることなく細貝をサポートしていた。

國廣愛彦は制御盤などを製造するフルハートジャパンの2代目で、2009年に社長を継いだ39歳。全日本選手権で応援団の先頭に立ち、ソチ五輪のスタンドでジャマイカ応援団に突撃してゆく性格は下町プロジェクトに合っているが、工業団体の役職などは経験していない。1号機の製作説明会に参加するまで町工場仲間との交流も限られていた。

舟久保と國廣は、どちらも町工場の社長という親に敷かれたレールにそのまま乗ることを嫌い、一度は別の道を目指している。舟久保はスポーツトレーナー、國廣はアパレルの仕事に進み、その過程でどちらも海外留学を経験。英語が堪能だった。それが運命なのか、二人は最終的に家業を継ぎ、いまはどちらも企業経営に全力投球している。

下町プロジェクトはソリの製作だけでなく、ソリ運搬の力仕事やイベントでの寄付呼びかけから、スポンサーや日本連盟との交渉まで、やるべきことが山のようにある。すべてのメンバーが昼間は部品を削り、夜中に公式ホームページを更新する、といった生活を送っていた。委員長ともなればプロジェクトの仕切りに加え、取材や講演依頼への対応など長い時間を下町ボブスレーに費やさなければならない。そのうえ細貝は、不足する活動資金を自ら負担していた。表向きは立て替えで「淳ちゃん金融、金利はトイチね」と笑っているが、回収できる見込みは小さい。そこまでしても、メディアに頻繁に登場する細貝をやっかむ者もいる。舟久保と國廣が委員長就任に二の足を踏むのも無理はなかった。

「さて、どうする？」

問いかける細貝に二人は
「トシちゃんがやるべきです」

「僕には無理です。國廣さんお願いします」

と定例会と同じ譲り合いを繰り返す。話が進まない。

「細貝さんと同じ仕事は、誰にもできないと思うんです」

舟久保が話題を変え、國廣が深くうなずく。

「俺ももう限界だよ。マテリアルという会社としても、技術部長の鈴木をメカニックとして派遣している間は仕事にならない。新しいメカニックを出せる？」

二人が黙って顔を見合わせる。その負担は大きすぎる。沈黙が嫌いな國廣が話す。

「海外渡航の費用は、選手やメカニックの分は下町ボブスレー合同会社から支払っていますけど、細貝さんの旅費は自分持ちですよね。この仕組みではプロジェクトを続けられないと思います。応援したいから行くという人はともかく、下町プロジェクトを代表して行く人の経費はプロジェクトとして支出する形にした方がいいと思うんですよね」

「細貝さん一人に頼るのではなく、プロジェクトとして負担をきちんと分担して進めていく体制に変えないと」

と舟久保が付け加えた。

「みんなで協力して負担を分担する体制にすれば、委員長を引き受けるんだな?」

細貝の念押しに、二人は顔を見合わせるが、否定はしない。

「ただ、僕らが協力して引き継ぐにしても、細貝さんが完全に引退するのは無理ですよ。スポンサーだってほとんどは細貝さんが開拓して、細貝さんの信用でお金を出してもらっています。細貝さんは下町ボブスレーの顔なんですから、そのすべては引き継げません」

國廣が冷静に分析する。

「俺もできることはやる。これからの下町プロジェクトにとって重要なのは、世界に付き合いを広げることと、大田区内の協力町工場をもっと増やして1社ずつの負担を軽減することだ。トシと國廣が協力すればできる。どっちが委員長でもできる。西村ちゃんも当然応援してくれるし、みんなが協力して力を合わせればピョンチャンへ行ける」

細貝は、ここが勝負所とみた。

「俺は目立ちすぎて、反発する人もいる。協力町工場を増やすためには、これまで下町ボブスレーと距離を置いていた人たちにも協力してもらわなければならない。國廣でも委員長はできるけれど、俺とタイプが似ている。もっとたくさんの町工場に協力してもらうためには、工業団体で人望のあるトシにやってもらった方がいいと思う」

親分が「ラブ彦ちゃんごめんね」と國廣愛彦を気遣えば、もう舟久保も断れない。下町ボブスレーネットワークプロジェクト推進委員会・第2代委員長は舟久保利和に決まった。

ファンボロー航空ショー

２０１４年7月13日、別の下町メンバー一行は英国・ファンボローへ向かった。航空機関連の展示会「ファンボロー航空ショー」を視察するためである。

下町ボブスレープロジェクトはもともと、大田区のものづくりの力をアピールし、世界から航空機など付加価値の高い仕事を獲得するために始まっている。「下町ボブスレープロジェクトに参加すると、仕事が取れるのか？」はよく尋ねられる質問だったが、たくさんの報道のおかげで、国内のお客さんと商談している時に下町ボブスレーの話題を持ち出すと、

「知ってますよ！　そうですか、あの下町ボブスレーのメンバーですか！　がんばってください！」

と商談がまとまりやすいところまでは来ていた。あとは、本来の目的である航空機産業など海外の仕事をいかに獲得するかだった。

ファンボロー航空ショー視察の準備は、細貝たちがソチ五輪に行っているころから始まっていた。先生役は航空機産業コンサルタントの菊田鉄夫氏。元大手重工メーカーの航空機事業担当者で大田区在住の菊田氏は「地元の中小企業のお役に立てるなら」とほとんどボランティアで協力してくれた。

大田区産業振興協会の主催で開いたセミナーの冒頭、菊田氏は航空機産業への参入がいかに難しい

かを説明した。

「通訳を使っているようでは話にならない。自社の社員が英語で商談できること。先行投資が大きく、実際に仕事になるまでは時間がかかる。財務面で余力があること」

など厳しい条件を示し、会場を見渡して、

「これらの条件をやりきる覚悟のない方は、すぐにお帰りになった方がいい」

と言い切った。

航空機産業はアジアなど新興国の路線増便で機体製造の需要が高まっている。現状ではボーイングやエアバスといった外国勢が牛耳る市場だが、ものづくりの実績がある日本企業がシェアを取る余地があるといわれ、日本の製造業に残された数少ない有望市場とされている。ただし、高度な安全性を確保するため、各種の規格認証取得や社内の品質管理体制の確立が必要。また、海外の航空機メーカーと、部品を納入する欧米の中小企業が長期安定取引をしているため、日本の中小企業にとって参入が極めて難しい市場でもあった。

菊田氏は、まず航空ショーの視察を勧めた。世界の航空機関連見本市は、フランスのパリ航空ショーと英国のファンボロー航空ショーが二大航空ショーと呼ばれ、それぞれ隔年で交互に開催している。今年はファンボロー航空ショーの番だった。

「ボーイングのブースへ行って、下町ボブスレーをアピールするんですね」

「相手にされないでしょう」

「じゃあ、どうするんですか？」

「今回はまず、すでに航空機の仕事をしている欧州の町工場が、どんな技術で、どんな単価で、どんな仕事をしているか見てきてください」

「なるほど。中小企業のブースを回ればいいんですね」

「普通に行ってもライバルとして警戒されます。アライアンスを組んで一緒に日本の航空機市場を開拓しないか、と言いなさい」

「なるほど」

下町メンバーに知恵をつけた菊田氏は、さらに5つの課題を与えた。①事前に出展企業を調べ、興味のある欧州の町工場をリストアップする、②その企業に会場内で面談するアポイントを事前に取る、③気の利いた小さな土産を持参する、④旅行会社主催の大名ツアーでなく、自分で電車を乗り継いで会場とホテルを往復する、⑤極力自分で英語を話す――という課題だった。

ファンボロー航空ショー視察に参加するメンバーは、金属切削加工関連がエース社長の西村、三陽機械製作所社長の黒坂、ムソー工業の若旦那・尾針徹治、樹脂切削関連がシナノ産業社長の柳沢久仁夫、そして大田区産業振興協会の奥田耕士の合計5人。ファンボロー航空ショーの公式ホームページにある約350社の出展企業リストを手分けして翻訳し、自分たちに近い町工場50社をリストアップした。英語の資料など読んだことのないメンバーがほとんどだったが、各自が申告してきた欧州中小企業7社にアポイントを申し込み、そのブースを会場マップにプロットしてみると、ほとんどの会社が1カ所に固まっていた。同類を嗅ぎ分ける町工場の嗅覚は大したものである。土産として「下町ボブスレー公式応援グッズのチョロQ」「お寿司の形のUSBメモリ」「日本手拭い」を買い込んだ。

7月13日11時15分成田発、相見積もりで一番安かった飛行機で英国へと飛んだ。ロンドン市内の安ホテルから、地下鉄と日本のJRにあたるイギリス鉄道を乗り継いで郊外の航空ショー会場へ通う。郊外へ向かうイギリス鉄道の始発駅・ウォータールーは、日本で言えば上野のような駅で、天井の高い広場にたくさんのホームが並んでいる。日本と違って発車ホームは直前まで決まらない。7人は英語の電光掲示板をじーっと見つめ、「でたでた。7番線だ」と改札を抜ける。ボックス席を確保し、ファンボローメイン駅までの約40分、各自覚えてきた英語を復唱する。

ファンボロー航空ショーの会場は、小さな地方空港並みの滑走路の横に巨大な仮設ホールが並んでいる。メインのホールでは中央に花形であるボーイングやエアバスのブースがあり、周りを大手部品メーカーのブースが囲む。下町メンバーは巨大企業のブースを横目に、菊田氏のアドバイスを守り、ホールの壁際に張り付いている中小企業の小さなブースを端から順に回る。さっそく第1ホールの入り口すぐ左手の小さなブースに5人でなだれこみ、打ち合わせ通り、

「ハーイ、僕らはボブスレーを作ってオリンピック出場を目指す楽しい奴らだ。一緒に日本の航空機市場を開拓しないかい?」

と言うと、クールなイギリス人社長は、

「お前らはウチのライバルだし、俺はボブスレーにはまったく興味がない」

と下町メンバーを追い出した。準備してきた作戦は、いきなり崩壊。

「どうする？」

「奥田さん、大田区の力で何とかしてくださいよ」

「何とかったって……」

5人で額を寄せ合って、作戦を軌道修正する。次のブースから奥田が前に押し出され、

「私は大田シティローカルガバメントの者である。大田シティには羽田エアポートがあり、航空機インダストリーが集積している。あなたの会社はどんな仕事をしているのか？」

と、何とか伝わる直訳英語で切り込むと、相手は不審な目をしながらも仕事につながるかもしれないと業務内容の説明を始める。しかし、下町メンバーが技術的な質問をするほどに相手は疑いの表情を浮かべ、5分から10分で競合企業とばれる。

それからの3日間、この飛び込み取材を繰り返すことになった。夜はレストランに繰り出し、気安いパブへハシゴする。

「いろんな部品が展示されてたけど、俺たちに作れないものはなかったな」

「勉強になるような新しい加工技術はなかった」

「やっぱり、俺たちの技術は結構いけてるんじゃないのか？」

「ただ、よそ者を受け付けない、あの独特の閉鎖的な雰囲気をどう突破するかだな」


視察3日目、突撃取材にも疲れてきたころ、珍しくじっくり話を聞いてくれたイギリスのネジ屋さ

んがにっこり微笑《ほほえ》んだ。

「君たちの姿は、6年前の私たちを見るようだ。航空機産業への参入は大変だよ。まず必要な国際規格の認証を取るんだ。それから航空機メーカーの認証を取り、やっとファンボロー航空ショーに1小間（3m四方）のブースを出展、ここで取れた小さな仕事をちゃんとこなす。すると2年後にはこんな大きなブースを出展できるようになるんだ」

と大きく手を広げ、3小間の自社ブースを誇らしげに示す。さらに会社の歴史や製品の特徴を丁寧に説明し、最後に、

「規格認証を取ったらまた来い。アライアンスを組んで一緒にやろう」

と言ってくれた。感動した下町メンバーは、持参した土産3種類をすべてプレゼントした。

「なんだか、やればできる気がしてきた」

帰国すると、3社が航空機関連の認証規格「J

英国のファンボロー航空ショーを視察し、欧州の中小製造業のブースへ突撃（2014年7月15日）

「ＩＳＱ９１００」の認証取得準備を始めた。それぞれの本業の販路開拓でも、下町メンバーが世界への一歩を踏み出した。

第2章 幻の採用通告

選手の育成・支援に活動を広げ、高校のグラウンドで選手発掘・トライアウトを開催した（2014年6月22日）

1　大逆転で採用内定

新委員長の誕生

２０１４年3月10日、細貝淳一は下町ボブスレーの主要メンバーによる定例会議を「スピローズ」で開いた。スピローズは六本木のギリシャ料理店（２０１５年に大田区・蒲田に移転）で、その店長「サットン」は、元プロミュージシャンである。大田区出身ヒップホップグループのボーカルとして町工場を応援するラップなど歌っていたから、同じく高校時代にプロミュージシャンを目指していた細貝と意気投合した。

いつもは大田区産業プラザＰｉＯで開く定例会議をそんなスピローズで開いたのは、下町ボブスレーネットワークプロジェクト推進委員会の2代目委員長、舟久保利和の晴れ舞台とするためだった。地中海をイメージした洒落《しゃれ》た店内、思い思いの席に座る下町メンバーが、あいさつに立った細貝に注目する。

「新委員長には、西村ちゃんや國廣《くにひろ》ちゃんも考えた。この二人も立派に委員長を務めてくれると思う。ただ、ピョンチャン五輪参戦に目標を切り替えたこれからの下町ボブスレーを引っ張るには、海

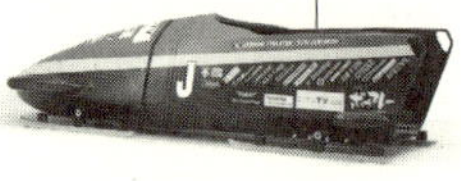

外のボブスレー関係者と交渉する英語力と、大田区のなかでもっとたくさんの町工場の協力を得られる人脈が必要だ。この大変な仕事をトシにやってもらおうと思う。みんなもトシを支えてくれるか？」

細貝の問いかけに、だいたい事情を察していたメンバーから拍手が起こる。

「いよっ、舟久保がんばれ！」

そんな会場を見渡して、細貝が続ける。

「西村ちゃんには副委員長としてソリの製作を統括してもらおうと思う。國廣には、ボブスレー連盟や選手との交渉にあたってもらいたい。これも大変な仕事だけれどよろしく頼む」

舟久保新体制の特徴は、細貝一人のリーダーシップで対応する体制から、ひとつ下の世代が役割分担する集団指導体制に移行することだった。下町ボブスレーのこれまでの2年半は、次から次へと課題が浮かび上がり、考えている暇などなかった。次から次へと飛んでくる難しい球を、細貝の決断で必死に打ち返してきた毎日だったと言ってもいい。いま、ピョンチャン五輪まで「4年」という時間を得た下町ボブスレープロジェクトは、企業活動と同じように組織で対応し、一人ひとりの負担を軽減する体制を確立しようとしていた。

指名を受け、舟久保があいさつする。

「僕には細貝さんのようなカリスマ性はありません。委員長なんて務まるのかなあ、という不安もあります。でも、ピョンチャンに向けて、みんなでこのプロジェクトを成功させなければいけません。指名を受けたのはとても光栄です。みなさんで役割を分担して、ピョンチャンを目指したいと思います。頼りない新委員長ですが、みなさん、ご協力をよろしくお願いします」

ギリシャ料理店の店内は温かい拍手で満たされ、笑顔のサットンが運ぶうまいビールと料理によって定例会議の雰囲気はさらに和やかなものになった。

課題として残ったのは、細貝の肩書きだった。プロジェクトの「顔」である細貝が完全引退することはあり得ない。若手の集団指導体制を見守る立場となる細貝に、いい肩書きはないか。「細貝がCEO（最高経営責任者）、舟久保がCOO（最高業務執行責任者）」では、プロジェクトが変わった感じがしない。「相談役」ではおじいちゃんみたいだ。「顧問」もちょっと違う。あーでもあるか、こうでもあるか、との議論の末、細貝の新たな肩書きは「ゼネラルマネージャー」に決まった。

同時に、下町ボブスレーネットワークプロジェクト推進委員会の組織は、「ソリ製作部会」を西村、「選手・連盟部会」を國廣が担当し、「スポンサー・広報部会」はスポンサーからの信頼が厚い細貝が兼務する形を取った。新体制の着任日は、協賛金や寄付金の管理会社である下町ボブスレー合同会社の会計年度に合わせ、6月1日と決まった。

新たな体制

下町ボブスレーネットワークプロジェクト推進委員会の新たな体制が決まる一方で、事務局役である大田区産業振興協会でも人事異動があった。大田区の外郭団体として中小企業振興の事業を推進する大田区産業振興協会では、下町ボブスレーの活動に対し、広報チームを中心に技術開発のサポート、海外展開のアドバイスなどさまざまな事業を担当する職員が側面支援していた。下町プロジェクトが本格化し業務が増えるなかでは、下町プロジェクトのスポンサーでもある城南信用金庫から派遣された研修生・松山武司が活躍。その松山が1年の派遣を終え、信金へ戻ることになった。協会・広報チームでも2名が異動する。

3月25日、大田区・大森の「サロン・ド・カフェ　SAMASAMA」で松山の送別会が開かれた。幹事は、実は自分も送られる側の協会・広報担当である。

このカフェを運営している川崎景太は、全国に教え子がいるフラワーアレンジメントの第一人者で、下町ボブスレーの趣旨に賛同し、かつて「下町ボブスレーと生け花」をテーマにした展覧会を開いていた。その展覧会では、下町ボブスレー1号機を瑞々しい花々が取り囲み、「下町ボブスレーが通ったあとには、人の夢という名の花が咲く」とのコンセプトを表した展示に、下町メンバーは「芸術だなあ」と感服していたものだった。

JR大森駅の改札を出て、山手にある神社へ向かう階段を上り、高級住宅街の狭い道を抜けるとSAMASAMAの入り口がある。玄関から階段を下りると地下がカフェ兼イベントスペースとなっていて、小さなステージには電子ピアノとマイクが置かれ、背後にはプロジェクターの画面。部屋の中央には立食パーティーのスペースがあり、壁際においしそうな料理が並ぶ。スペースを囲んで置かれた椅子や、その奥のボックスシートに65人にふくらんだ参加者があふれていた。細貝があいさつに立つ。

「きょうは、松山と協会の二人をダシにして、下町ボブスレーの第2幕に向けた決起大会に集まっていただきました！　ウソウソ（笑）。本当にお世話になりました！」

会場に爆笑と拍手の嵐が起きる。

細貝のあいさつに続き、松山の1年を振り返る動画が上映された。動画を撮影したのは、下町ボブスレーに参加した町工場のひとつであるカシワミルボーラの2代目、柏良光。柏は、下町プロジェクトの活動のたびに、手のひらに収まる小型ビデオカメラ「ＧｏＰｒｏ《ゴープロ》」を持参していた。上映された動画は、柏が撮り貯《た》めてきた映像を編集したものだ。いつもメンバーの姿をなめるように撮影している柏に、メンバーの多くは「あの『盗撮動画』は何に使われるんだ？」と笑っていたが、こんな形で活用されることになった。

プロジェクターに2号機・3号機の製作、日本代表チームの大田区での合宿、華やかな記者会見、全日本ボブスレー選手権の大応援団とケンケンスタート、そして、マラソンが趣味の松山が下町ボブスレーのロゴをあしらったウエアを着て東京マラソンを走る姿が映し出された。松山だけでなく、参加者全員が一つひとつのシーンを思い出し、笑ったり泣いたりしている。

「えー、次に広報主任さんの動画と言いたいところですが、編集が間に合いませんでした。すみません、また今度ということで」

柏は本当に済まなそうに話すのだが、よくできたギャグに会場は爆笑の渦が起きる。同じく下町ボブスレーに参加する町工場であるナイトペイジャーの社長・横田信一郎のピアノ演奏で細貝が歌い、パーティーは盛り上がっていく――。

そして最後に、舟久保が新委員長候補として団結を呼びかけ、送られる三人が、

「こんな面白いプロジェクトに関われて幸せでした。下町ボブスレーの担当ははずれますが、新たな仕事のなかで下町の応援を続けます」

とあいさつする。大きな拍手のなかで、

「城南信金の下町メンバーへの融資は、無利子・無担保ね！」

とヤジが飛んでいる。

城南信用金庫からは真木智宏が新たな研修生として派遣されてきた。城南信金は真木に続き清水邦夫をそれぞれ1年ずつ派遣、人材の面でプロジェクトを支えていく。

日本連盟からの打診

2014年4月、新体制となる下町ボブスレープロジェクトに吉報が伝わった。日本連盟の関係者から「下町ボブスレーの採用に向け、もう一度協力関係を結べないか」との非公式の打診が届いたのである。あれだけ苦労し、あれだけ辛酸をなめた「五輪での下町ボブスレー採用」が、いきなり向こうから転がり込んできた。メンバーは喜ぶより前に、狐につままれたような表情を浮かべ「本当？」とつぶやいた。

日本連盟は3月末に競技委員会を開き、2013－2014競技シーズンの総括と、来シーズンの

方針を検討していた。細貝に伝わってきた情報では、この競技委員会で「ソチ五輪の28位という成績は不十分であり、強化策の抜本的な見直しが必要」との議論が行われたという。2020年の東京オリンピック・パラリンピックに向け、国はその前々年の韓国・ピョンチャン冬季五輪を含め各種競技の強化を進めようとしていた。五輪は参加することに意義があるとはいえ、強化のための補助金が増額されれば、ソチのような結果は許されないということのようだった。

4年後のピョンチャン五輪で日本代表チームが活躍するためには、良いソリの確保だけでなく、まず強い選手を育成する必要があった。日本連盟の資金不足によりソチ五輪出場の夢を断たれた女子では、トップチームの吉村美鈴・浅津このみ組が引退。男子も圧倒的な強さを誇る鈴木寛選手がソチ五輪を最後に引退していた。日本のボブスレー競技は、男女とも次の若い世代から日本代表選手を育成するタイミングにあった。日本連盟は、新たな選手を発掘する運動能力テスト「トライアウト」を毎年開いている。参加選手は陸上競技など他競技から一本釣りした数人にとどまる年が多いのに対し、下町ボブスレーがメディアを通じて参加を呼びかけた昨年のトライアウトには46人が参加していた。なかにはアメリカンフットボールなどさまざまな競技経験を持つ有望選手もいて、実際に日本代表ブレーカー候補になった選手もいた。

また、海外遠征などの費用をまかなう寄付や協賛金を集めるためにも、下町ボブスレーに対する社会の注目は追い風になり、下町ボブスレーは日本のボブスレー競技の強化に貢献できるはずだった。もともと日本連盟という組織自体は、ソチ五輪前に大々的な記者会見を開いていることでもわかる通り、下町ボブスレーの採用を前提に動いていた。ピョンチャン五輪に向けもう一度、下町ボブスレーと組むのは自然な選択とも言えた。

「もちろん、協力する用意はある」。下町プロジェクトから日本連盟関係者にそう意思を伝えると、具体的なやり取りが始まった。日本連盟は6月の理事会、7月の総会で新シーズンの方針を決議する。その原案作りのため、非公式ながら日本連盟から下町ボブスレープロジェクトにいくつかの確認があった。日本連盟の下町プロジェクトに対する一番大きな期待は、ソリを作るだけでなく選手の育成にも協力してほしいというもので、その一環として「東京都ボブスレー連盟」の設立を打診してきた。ただし、ピョンチャン五輪の代表選手を決めるのはあくまで日本連盟であり、下町プロジェクトが応援する選手になるとは限らない、とも念を押された。

選手育成への協力は、日本連盟に言われる前から議論が始まっていた。舟久保新体制を決めるスピローズでの会議でも議題になっている。「選手育成まで活動を広げるのは、あまりにも負担が大きすぎる」との反対意見もあった。しかし、ソチ五輪本番を視察し世界のトップ選手と日本選手の圧倒的な差を実感した下町プロジェクトにとって、ピョンチャン五輪で世界に挑戦するためには「エンジン」に相当する選手の育成は避けて通れないテーマだった。新型ソリのテストには選手の協力が欠かせず、いつでもテスト滑走してくれる専属の選手が欲しい、という事情もあった。細貝は女子選手のなかで、吉村とともに引退を表明していたブレーカーの浅津を説得した。吉村・浅津チームは、最初に作った下町ボブスレー1号機で全日本選手権優勝、その後もプロジェクトに協力してくれていた。浅津は身長175㎝と体格に恵まれ、高校時代から陸上競技で圧倒的な成績を残してきた逸材。笑顔が爽《さわ》やかな27歳で、引退するには早い。すでに大学の事務員として働く生活が決まっていたが、細貝は浅津とじっくり話し合い、パイロットに転向して競技を続ける意思を確認した。その代わり、競技に専念できるよう下町ボブスレープロジェクトとして雇用し、資金面で浅津の支援に責任を持つことを約束した。

こうして、町工場で構成する下町ボブスレープロジェクトは、ソリの開発・製作というものづくりだけでなく、選手の育成へと次の一歩を踏み出した。

東京都ボブスレー連盟の設立は、下町ボブスレープロジェクトが始まった当初から日本連盟に打診されていたテーマだった。日本連盟は傘下に各都道府県別の地区連盟を抱えているが、競技人口の少ないボブスレーでは地区連盟が存在しない地域が多かった。選手の登録と育成を担当し、競技会や関連イベントを開催するのは、地区連盟の役割だった。一方、日本連盟は各地域連盟所属選手のなかから日本代表候補を選考し、強化合宿や海外遠征、全日本選手権の開催などを担当していた。

現状では日本連盟の事務局が置かれている長野の長野県連盟と、日本のボブスレー発祥の地である北海道連盟が二大有力地区連盟で、これに仙台大学ボブスレー・リュージュ・スケルトン部を中心とする宮城県連盟が続き、あとは大阪連盟など数えるほどの地区連盟しか存在しない。日本の首都であり、多くの選手が居住する首都圏に地区連盟が存在しない状況が続いていた。下町ボブスレーに協力してくれる浅津選手は、東京に住んでいるが北海道連盟所属で、下町ボブスレーの滑走テストの際には「遠征計画書」を北海道連盟に提出し、了承を得る必要があった。東京都連盟を設立すれば、北海道連盟に負担をかけることなく、自前で柔軟にスケジュールを組むことができる。選手登録などの事務作業や、日本連盟に納める負担金などといった懸念事項はあるものの、下町ボブスレープロジェクトは東京都連盟の設立を目指すことになった。

「下町プロジェクトが応援する選手でなくてもソリを提供できるか」との日本連盟の問いかけは、下町プロジェクトにとってはまったく問題がなかった。もともと、大田区のものづくりの力を世界にアピールするためにやっているプロジェクトであり、その時に一番速い選手が下町ボブスレーに乗ってくれればこんなにありがたいことはない。「なんでそんなこと聞くの？」が、メンバーの率直な感想だった。

日本連盟の打診を受け、がぜん忙しくなったのが、新体制で選手・日本連盟担当の責任者となった國廣愛彦《よしひこ》である。東京都連盟の設立趣意書や活動計画、役員名簿などの必要書類を作成する作業に追われた。

日本連盟の5月の理事会で抜本的強化の方針が確認され、再任された鈴木省三競技委員長が6月2日夜、大田区産業プラザP·iOを訪れた。鈴木は仙台大学教授で、同大学のボブスレー・リュージュ・スケルトン部を率いるとともに、日本連盟の競技委員長を務めていた。細貝、舟久保、西村、國廣の幹部4人が対応する。選手・日本連盟担当の國廣が口火を切る。

「下町ボブスレーは、ピョンチャン五輪にただ出場するだけでなく、上位を目指すために必要なことはすべてやろうと思っています。ただ、これまでたくさんの町工場にソリ製作に協力してもらいながらソチ五輪不採用に終わり、改めて協力をお願いするためには事情を説明する必要があります」

過去のわだかまりを解消しなければ、先へは進めないという、まっすぐな國廣らしい発言だったが、相手としては答えにくい問いかけでもあった。しばらくは慎重なやり取りが続き、次第に具体的な話へと進んでいった。

「ラトビア製のソリと、もう一度比較テストをできませんか？」

「個人所有のソリなので……。ところで、東京都連盟の事務局長はどなたに？」

「浅津選手をスポーツ社員として雇用し、東京都連盟の事務処理を任せようと思っています」

「選手選考もありますから、選手はまずいですね」

東京都連盟の設立を中心に意見交換が続き、最後に細貝が口を開いた。

「悪者になります。これは前委員長である細貝の意見であって、舟久保が新委員長に就任すれば雰囲気は変わると考えてください」

との前置きに、一同が緊張する。

「包括協力協定を結んでソリを作り、共同記者会見まで開きました。選手個人が遠征費用の負担に苦労していたから遠征費も寄付したし、軽量なヘルメットが必要と言うから用意しました。金の話ではありませんよ。僕たちは日本のボブスレーのためにできることはすべてやってきたし、これからもやります。でも、結果的に不採用を通告され、ソチ五輪が終わっても誰からも何の報告もない。日本がもっといいソリを作るには、ラトビア製ソリとの比較が大事なのに難しいという。もう一度協力関係を結んでも、最後にまた同じことが起きるのではないかと不安になります」

細貝の問いかけに、鈴木競技委員長が応えた。

「日本連盟もゼロからのスタートで、ピョンチャンに向け抜本的な強化策が必要です。強化部長の任命権は僕にあり、脇田を指名しようと思っています。また、監督は国内にはもう適任者がいません。海外から招へいする検討を進めています。ピョンチャンで勝つために必要なことを一緒にやっていきましょう」

ケンケンスタートの脇田が、日本連盟の強化部長になる。それは「新参者」だった下町ボブスレーが、日本のボブスレー競技の世界に迎え入れられたことを意味していた。

すぐさま、細貝が反応する。

「脇田はまっすぐな男ですから、これまでの『下町の仲間』から『日本連盟の強化部長』に立場が変われば、冷徹に外国製ソリを選ぶかもしれません。でも、それは望むところです。僕たちは最速のソリを作る努力をし、選手の育成にも全面的に協力します。そこまで決めて、舟久保にバトンを渡しますので、よろしくお願いします」

最後に細貝が微笑み、舟久保新体制は最高のスタートを切った。

2　選手を応援せよ

都立つばさ総合高校グラウンドにて

「この光電管、ケーブルが短くねえか？」

東京都立つばさ総合高校のグラウンドで、舟久保利和ほか下町メンバー数名が額を寄せ合って相談している。２０１４年６月18日、ボブスレー選手を発掘する運動能力テスト「トライアウト」のリハーサル中である。

光電管システムは高価だが、60ｍ走のタイムを正確に計測するために欠かせない。２本１セットの光電管を設置すると、間を選手が通過したタイムを自動計測してくれる。しかし、スタート地点に本体を置き、15ｍ地点、30ｍ地点に１組ずつ光電管を置くと、その先にケーブルが伸びず、ゴール地点に光電管を設置できない。

「コースの方が間違って長くなってるんじゃないの？　本当に60ｍかもう一度測ってみようよ」

「おかしいな。ちゃんと60ｍだな」

隣ではサッカー部の高校生が、「このオッサンたち、何やってるんだ？」といった目でちらっちら

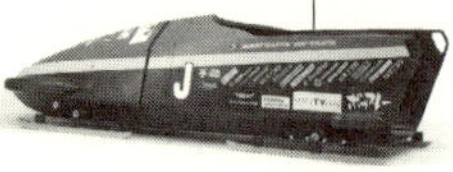

っと見ながらボールを蹴っている。

「……。本体をコースの真ん中に置くなんてことはないよね？」

60m走のコースの中間地点に本体を置き、スタート方向とゴール方向にケーブルを伸ばすと、光電管は見事に各計測ポイントに収まった。サッカー部の面々が笑っている。

「俺たち、頭悪いな」

町工場は光電管システムなど使わないから、わからないのも無理はない。高価な光電管をサッカーボールで壊されないよう、下町メンバーが一人ずつ光電管の前に立ち、ディフェンダーよろしく行き交うボールに目を光らせる。余ったメンバーが60mを走り、舟久保がタイム計測がうまくいったことを確認している。

下町プロジェクトが都立つばさ高校でトライアウトを開催するのは2回目である。

1年前に初めて開いたトライアウトは、ソチ五輪に向けた選手発掘を目的に日本連盟と共同で開催。メディアを通じて参加者を募り、アメフト選手など46人が集まった。今回は、日本連盟の強化部長就任を打診されている脇田寿雄の発案で企画されたもので、新人発掘だけでなく、すでに選手登録しているボブスレー選手の能力を測り、世界のトップ選手との差を数字で把握することを目的としていた。種目も計測方法も米国代表チームと同じ手法を採用し、測定結果を米国選手の数字と比較する。設立準備が進む「東京都ボブスレー連盟」の主催イベントとして独自に開くことになった。

都立つばさ総合高校は、大田区本羽田にある。京浜急行の大鳥居駅から萩中公園の脇を抜け、徒歩10分ほど。昔の工業高校を母体に2002年に開校した都立で2番目の総合高校で、近代的なデザインの校舎と充実したスポーツ設備を誇る。１カ月前に舟久保が学校を訪ね、大田区のものづくりの力を世界にアピールする下町ボブスレーの意義を訴えて、トライアウトの会場として使わせてもらう了承を取り付けていた。

６月22日・日曜日、トライアウト当日の朝４時。國廣がフェイスブックに「雨ですね。小雨決行の予定ですけど、どれくらいの雨なら中止にするんでしょう？」と書き込んでいる。下町プロジェクトは、選手・ボブスレー競技自体の応援に踏み込んだものの、経験がないのでわからないことが多い。脇田、舟久保、西村が次々とメッセージを書き込み、決行が決まった。

朝８時、つばさ高校にメンバーが集合する。幸い、天候は小雨で収まっている。集まったメンバーが協力しながら、テントを広げて、机を並べ、スポンサーから提供してもらったゼッケンを用意し、グラウンドに光電管をセットしていく。つばさ高校の体育の先生も来てくれた。雨のため、選手の待機・準備運動用に剣道場を急遽《きゅうきょ》貸していただく。

テスト種目は、短距離走と立ち幅跳び、砲丸投げ。短距離走は男子が60ｍ、女子が45ｍで、それぞれ15ｍ地点・30ｍ地点、ゴール地点のタイムを計測する。重量挙げ（ハイクリーン）は別日程で行うことになっていた。もうひとつ、今回の特別種目として用意したものがあった。実際のソリを使ったプッシュスタートのタイム計測である。長野スパイラルには夏の間のトレーニング用として、鉄のレールに乗せたボブスレーを押し出して走る施設がある。今回は、高校のグラウンドで同様のテストをするため、ボブスレーのランナー（ソリの刃）部分に樹脂製のタイヤを取り付けたスペシャルマシンを用意していた。「グラウンドを傷めないように」との高校の先生の指示を受け、ものづくりならお手の物の町工場が短期間で各種のタイヤを比較検討し、完成させた。プッシュタイムを計測するため、まっすぐ進むようにステアリングを固定しているが、町工場の面々は、

「これでハンドル操作できるようにして坂道を下ったら面白いよね」

と話している。実際、メディアで紹介されることが多い下町プロジェクトには、地方のレジャー施設から遊戯用ボブスレー製作の打診なども来ていた。

9時30分、受付開始。9人の選手・選手候補が集まった。現役の選手は女子の浅津このみと川崎奈都美、男子の中村一裕の3人。一般からは陸上選手の青木健二などが参加した。浅津は、チーム下町ボブスレーとして競技に専念することになった有望選手。川崎は、2012年の秋に1号機を発表したイベント会場に、伝手《つて》もないのに単身北海道から乗り込んできた積極性あふれる選手。中村は、ケンケンスタートの脇田と組んで全日本選手権で準優勝した。五輪を目指す浅津、浅津を追いかける立場の川崎、本格的に競技を始める中村、さらに「絶対にボブスレー選手になりたい！」という一般参加の青木。参加した全員が、日本ではマイナースポーツであるボブスレーに青春を賭けようとしていた。

トライアウトは、女子が浅津vs川崎、男子が中村vs青木で、各種目の1位を争う展開となった。女子は浅津優位に進むが、砲丸投げでは川崎が一矢報いた。男子は僅差《きんさ》で負けた方が「もう一回やらせ

てください！」と叫び、デッドヒートを繰り広げながら、次第に二人が仲良くなっていく。そんな選手たちを下町メンバーが見守っている。

最後の種目は、下町ボブスレー・タイヤモデルを使ったプッシュスタート。静止状態のボブスレーの後ろに選手が立ち、呼吸を整えて集中し、「ウオーッ！」という気合とともにソリを押し出しながら走る。15ｍを駆け抜け、脱力する選手。しかし、重さ160kgのボブスレーは、そのまま結構な速度で進み続ける。

「おおおー、待てー」

ゴール地点で待機していた舟久保はじめ下町メンバー4人が、わらわらとボブスレーを追いかけ、ボディのあちこちをつかみ、自分たちの体重で何とか止める。みんなで押してスタート地点へ戻し、次の選手がスタートし、わらわらと追いかけ……の繰り返し。選手の応援は、体力勝負だ。

お昼過ぎ、全種目を終了。選手はみなベストを尽くしたが、やはり、米国代表でソチ五輪の銀メダリストであるエラナ・マイヤーズ選手のタイムと比べると、大きな差があった。脇田の目論見通り、選手たちは世界との差を実感し、ピョンチャン五輪に向けて世界と戦う準備が始まった。

競技団体見習い

トライアウト開催と並行して、東京都ボブスレー連盟を設立する準備が、國廣を中心に進められた。日本連盟は、純粋な競技団体として永続する東京都連盟の設立を希望していた。長くボブスレー競技を支えてきた人のなかには、「下町ボブスレーが売名行為のために東京都連盟の看板だけ使うのではないか」との疑念があるようだった。疑念を払拭するため、東京都連盟の役員は、國廣が会長を務めるほかに外部から行政関係者や学識経験者を招く方針を決めた。下町ボブスレープロジェクトを当初から応援する大田区産業振興協会の野田隆理事長や、大田区の工場表彰制度「優工場」の審査委員長を務める早稲田大学商学部の鵜飼信一教授らの名前が挙がり、調整が進む。

また、国の補助金を受ける資格のある競技団体として認めてもらうためには、体育協会への加盟が必要だった。日本連盟からも、体育協会への加盟を検討してほしいとの指示があった。しかし、東京都体育協会に確認すると「東京都ボブスレー連盟の下部組織として、最低10以上の市区町村のボブスレー連盟があること」が加盟の条件だという。「大田区ボブスレー連盟」までは作れるかもしれないが、下部組織を10も集めるのはとても無理だ。

6月26日、日本連盟の理事会に國廣が呼ばれた。正確に言えば、理事会自体には参加できないなか、北野貴裕会長らと意見交換する場が別に設けられた。日本連盟理事会の結論として、

「東京都ボブスレー連盟にはまず任意団体として活動を続けてもらい、来年の日本連盟理事会での承認を目指す」

との方針が告げられた。町工場による「競技団体見習い」の活動が始まった。

町工場のプレゼン力

下町ボブスレープロジェクトには、講演や取材の依頼、イベントへのソリ貸し出しの依頼が寄せられる。ありがたいことに、ソチ五輪不採用に終わっても依頼は続いていた。舟久保新体制では、組織をソリ製作、選手対応、広報・協賛企業対応に分けて主要メンバーの負担を分散するとともに、こういった講演依頼などもローテーションを決めて、中心メンバーが交代で対応することになった。トップダウン型の細貝と違い、舟久保はメンバー一人ひとりの意思を確認しながら、組織を作っていった。

講演会は、各地の産業関連団体の勉強会を中心に、小学校での子供たちへの教育の一環として開かれるものなどさまざまだった。ソリの貸出先も地元・水門通り商店街のお祭りを皮切りに、大規模な産業関連見本市などさまざまな案件が持ち込まれた。講演対応がローテーションになると、細貝が使っていたプレゼンテーション資料のデータが各メンバーに出回り、各自がそれぞれの思いを加えた内容のプレゼン資料を作って講演した。これまでスピーチなどしたことのない町工場のメンバーも演台に立ち、はじめはどうなることかと思われた。しかし、何事もやってみるもので、どのメンバーも講演をこなすたびにプレゼンテーションがうまくなっていった。なかには、話しているうちに激闘の日々を思い出し、壇上で涙ぐむメンバーもいて、ほかのメンバーから、

「嘘《うそ》泣きだろ？」

とからかわれていた。高度成長期に「下請け」という名の受託加工業として発展してきた町工場は、発注元の親会社についていけばよかったから、自分から何かをアピールする習慣がない。「情報発信が下手で、何をやっているのかわからない」と言われることの多かった町工場が、世界に技術力をアピールする下町ボブスレーの活動を通じて、変化し始めていた。

イベントへのソリ貸し出しでも、メンバーが交代で説明に立ち、募金箱を抱え、集まった観客たちに下町ボブスレーの意義とボブスレー競技の魅力を伝えていった。

「大田区の町工場が五輪出場を目指す下町ボブスレーでーす！」

「全日本ボブスレー選手権で優勝した実機ですよー」

「氷の上を時速120㎞で滑り、氷上のF1と呼ばれてまーす」

「はい、そこのお母さん！　いまなら10円でも寄付していただければ、お子さんをボブスレーに乗せて記念写真が撮れます！」

10円でも、と言えば相手は立ち止まり、100円を寄付してくれることがわかってきた。本物のボブスレーなどめったに見られるものではない。子供たちは喜んでボブスレーに乗り、後ろでお母さんが微笑《ほほえ》み、下町メンバーがお母さんから預かったスマートフォンで写真を撮る。地元の印刷会社が無償で作ってくれた説明冊子を渡し、ケンケンスタートを説明すれば、親子連れはすっかり下町ボブスレーのファンである。

平日に稼働している本業で疲れ切っているであろう下町メンバーは、土日をつぶしてイベントに対応じ、少しずつ、確実に、応援してくれる人を増やしていった。2014年の夏は、そんな風にあわただしく過ぎていった。

下町ボブスレー4号機・5号機

11月6日夜、大田区産業プラザPiO。会議室で下町プロジェクト主要メンバー20人程が集まる定例会議が開かれている。イベントの予定を整理し、一般のボランティア希望者にも手伝ってもらおうか、と相談していると、じっと聞いていた細貝が立ち上がった。

「イベントはイベントで大事だけれど、俺たちは肝心なソリ作りを全然していないじゃないか。これでいいのか?」

会議室が静まり返る。ピョンチャン五輪用の次期新型機は、本番の1シーズン前、すなわち2016-2017競技シーズンに投入する予定だった。今年は基礎的な研究にあてる年だったが、細貝のいう通り、ソリ製作がないと話が進みにくい。夏の間に細貝はスポンサー企業を回り、ソチ五輪不採用という結果にもかかわらず、ほとんどのスポンサーから継続契約を獲得し、伊藤忠商事など新スポンサーまで開拓していた。ソリ製作で一番コストのかかる炭素繊維のCFRPボディを新たに発注する資金も何とか確保できそうな見通しになっていた。

「いまは、俺たちの活動を見ている日本連盟や地区連盟を味方につけて、ソリを使ってもらわなければいけない時期だ。ソリを作ろうじゃないか。……来月の全日本選手権までに作るのはさすがに無理か?」

12月末の全日本選手権まで2カ月ない。本番前の練習滑走も考えれば実質1カ月しかなく、1号機を作った時と同等以上のタイトスケジュールになる。ソリ製作担当の西村が虚空を睨《にら》む。

「過去に製作に協力してくれた町工場は、ソチ不採用でがっかりしているからあまり引き受けてくれないかもしれない。もう一度、たくさんの町工場を集めるしかないですね」

関鉄工所社長の関英一が、

「作る側は、目標がないと盛り上がらないよな」

と指摘し、細貝が、

「いいソリを持っていない日本の多くの選手に下町ボブスレーを提供して、性能を検証してもらうんだ」

と返す。

細貝とメカニックの鈴木は、すでにソリの設計図を用意していた。基本的には昨年作った2号機・3号機と同じ設計図だが、フレームの断面形状を楕円パイプから一般的な丸パイプに変更したものだった。楕円パイプのフレームはレース用のオートバイなどでも採用されているもので、縦方向と横方向の振動吸収特性を変えることを目的にしているが、製造に大変な手間と時間がかかる。今回新規に製作するソリでは、入手しやすい丸パイプを使ってコストを抑えながら一気に2台を製作、保有台数を増やして日本のボブスレー選手に提供するとともに、楕円パイプとの特性の違いを探ることになった。

その場で細貝は東レ・カーボンマジックの奥社長に電話をかけ、CFRPボディをあと2台分作るスケジュール調整の約束を取り付けた。すでに2号機用の型があるとはいえ、1カ月でボディを作るのも簡単ではない。炭素繊維を編んだシートを重ねてボディを形作り、焼成（オートクレーブ処理）して完成する作業は手間のかかるものだった。しかし、奥社長はこの電話でボディの製作を間に合わせることを宣言した。

奥社長の「男気」を聞いてしまえば、フレームを作る町工場の側が「間に合いません」とは言えない。

「よし、来週12日に部品発注の製作説明会を開くぞ」

細貝の宣言で、再びソリ作りがロケットスタートを切った。

11月12日、集合時間の1時間半前に最初に姿を現したのは舟久保だった。18時30分に始まる製作説明会に、細貝は欠席の予定だった。新委員長の舟久保が、集まった町工場にたった1カ月でのソリ製作への協力を説得しなければならない。西村、國廣、メカニックの鈴木など主要メンバーが次々とPiOに集まり、3階の特別会議室に150枚の部品図を並べていった。

製作説明会の開始時間が近づいてくると、一日の仕事を終えた町工場の経営者や社員が徐々に集まり始めた。50名ほどの参加者がP・iOのなかでも一番上等な特別会議室の椅子にもたれ、説明が始まるのを待っている。

時間になり、舟久保が参加者の前に立った。

「みなさんに協力していただきながら、ソチ五輪では不採用という結果になってしまい申し訳ありません。しかし、ピョンチャン五輪に向け、もう一度、力を貸してください。……また特急仕事になってしまいますが、なんとか、よろしくお願いします」

舟久保が、言いにくそうに協力を依頼する。続いて、ソリ製作の責任者である西村が説明に立った。

「今月中に部品を仕上げていただく超特急の仕事になります」

集まった町工場は44社。すでに1号機から3号機までの製作に参加した会社が多く、下町ボブスレーのスピード感に慣れているのか、日頃から本業で特急仕事に対応しているためか、会場は意外に冷静だった。西村が続ける。

「12月末の全日本ボブスレー選手権と、その前哨

製作説明会に集まった大田区の町工場が、部品図をチェックし担当する部品を決めてゆく。製作はすべて無償協力（2014年11月12日）

戦である12月13日のチャレンジカップにソリを間に合わせるためには、覚悟が必要です。私の会社は、昨日までに本業の仕事をすべて片付けました。12月10日まで下町ボブスレーの仕事しかしません。どうか、1枚でも多くの図面を持って帰ってください」

西村の覚悟と、キッパリした話し方には迫力があった。集まった町工場の面々が席を立ち、特別会議室の前方の机に置かれた部品図を取り囲む。しかし、ソチ五輪前の希望に燃えていたころの製作説明会に比べると、明らかに図面の減り方が遅い。

「えっ、○×さん2枚だけ？　そんなこと言わず、もっと持っていってくださいよー」

会場のあちこちで、下町主要メンバーが顔なじみの町工場経営者を拝み倒している。しかし、20時に説明会が終了しても、引き受け手のいない部品図がかなり残ってしまった。

「……。まず、残った図面を角モノ、丸モノ、板金に分類しよう」

険しい表情の西村の横で、三陽機械製作所社長の黒坂浩太郎が声を出し、國廣が図面を並べ替えている。

「2号機とほとんど同じ部品なんだから、前回引き受けてくれた町工場に同じ部品を頼めばやってくれるんじゃないですか？」

残った図面を見ながら、國廣が案を出す。一度手がけた部品のリピートオーダーは、工作機械を動かすプログラムや材料を固定する治具《じぐ》が残っていることが多く、町工場にとって負担の小さい仕事だった。

しかし、西村が「難しい」と首を振る。工程管理のため協力町工場を歩き回っている西村は、苦労して部品を作ったのにソチ五輪不採用となり、内心ムッとしている町工場があることを実感していた。

「よし、丸モノは全部、俺がやる」

黒坂が図面の束を抱えた。

「それは大変すぎます。僕もやりますよ」

と、舟久保が図面を分けている。協力町工場を再募集している時間はない。下町プロジェクトの主要メンバーが多くの加工を引き受け、4号機・5号機の製作がスタートした。

その日の夜遅く、細貝から大田区産業振興協会の奥田に電話がかかってきた。

「どう？　若い連中は製作説明会を乗り切ったかい？」

「だいぶ図面が残って、主要メンバーで分担していましたよ」

「そうか。連中も覚悟を決めたようだな。うちでもできるだけ引き受けるよ」

細貝は、下の世代の活躍に感謝していた。

1台のボブスレーは、150点あまりの部品で構成される。よくメディアから、「この部品は○×製作所、この部品は△□製作所が作りました、という一覧表は作れませんか?」と聞かれるが、それは難しい。フレームにしてもシャフト（軸）にしても足回りにしても、それぞれが複数の部品で構成され、その一つひとつを多数の町工場に分割発注しているためだ。さらに、部品を作って集めて組み立てれば終わりではなく、いくつかの部品を溶接してから再度切削したり、熱処理で材料を硬くしたり柔らかくしてから次の加工を行ったり、最後にめっき処理したり、ソリの製作工程は極めて複雑になっている。西村はそのすべての工程を頭に入れ、常にどの部分をどの町工場が担当し、いつ仕上がるかをチェックしている。西村の大きなカバンには150枚の部品図がすべて納められ、携帯電話で24時間、町工場からの問い合わせに答える生活を続けた。

超特急で仕上がった4号機のフレームは、滋賀県の東レ・カーボンマジックに送られ、これもまた超特急で完成したCFRPボディと合体された。12月10日、予定通り4号機が完成し、5号機も数週間遅れて完成するメドが立った。1号機、2号機、3号機、最新の4号機、4台の下町ボブスレーが長野スパイラルへ送られ、新鋭機を待ちわびる日本のボブスレー選手の元へと届けられた。

3　怪しい雲行き

日本連盟からの連絡

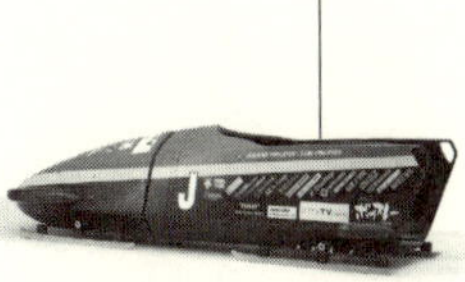

2014年12月10日午前、細貝が経営するマテリアルの工場内で4号機の最終組み立て作業が進められているなか、日本連盟から連絡が入った。月末開催予定の全日本ボブスレー選手権に向け、日本連盟の鈴木省三競技委員長が各選手の意向を確認した結果、出場する女子4チームのうち、浅津このみ、川崎奈都美、本間南の3選手が下町ボブスレーでの滑走を希望しているとの連絡だった。男子は、長野県連盟所属の大峡《おおば》俊之（パイロット）と中村一裕（ブレーカー）のペアで参戦。合計4チームが下町ボブスレー1号機から4号機で出場することになった。

初めて下町ボブスレーで滑走した女子選手の感想は、

「これまではまっすぐ走らないような古いソリに乗っていましたから、ハンドルを切った通りに曲がるのが嬉《うれ》しいです。下町ボブスレーは素晴らしいソリですね」

といったものだった。外国製の新型ソリは1台300万円から500万円する。個人スポンサーに新車を提供してもらえるのはトップ選手だけであり、そのほかの多くの選手は先輩から引き継いだ古いソリをだましだまし使っていた。

最初の連絡から5日後には、日本連盟から「選手が全日本選手権終了後も下町ボブスレーを使わせてほしいと言っています。1月6日から21日までの合宿にも提供してもらえませんか」との打診が再度入った。下町ボブスレーの保有台数を増やし、選手を支援する活動は選手たちに好意的に受け止められたようだった。

しかし、北海道連盟所属の押切麻李亜選手は、下町ボブスレーを選ばなかった。彼女が乗るのはラトビア・BTC製のソリ。ソチ五輪で下町ボブスレーを不採用に追い込んだあのソリが、再び下町プロジェクトの前に姿を現した。押切選手をサポートしているのは、ソチ五輪時の石井和男監督だった。

小さな疑念

下町プロジェクト新体制が春に選手支援へ活動領域を広げ、日本連盟が強化部長に脇田寿雄を指名した時、競技の現場には小さな疑念が生まれていた。それは、下町プロジェクトの内部で選手支援を検討した時に、メンバーから出ていた意見でもあった。

「下町プロジェクトとして特定の選手を応援すると、ほかの選手を敵に回すのではないか」

というものだ。

下町プロジェクトの大方針は、広く日本選手を応援し、それがチーム下町ボブスレーの選手でなくても、ピョンチャン五輪前に一番速い選手にソリを提供するというものである。しかし、下町プロジェクトが選手支援に踏み出したことによって、その言葉を額面通りに受け取ってもらえるとは限らなくなっていた。

まず、脇田の発案で行われたトライアウトの、米国のトップ選手と現役日本人選手の能力を比較するという趣旨が「代表選手選考につながるのではないか」と警戒された。つばさ高校でのトライアウトが日本連盟主催でなく、任意団体である東京都連盟の「イベント」として開催されたのも、そんな疑念に配慮する側面があったのだが、それも奏功したとは言い切れなかった。

そして、脇田が強化部長に正式に就任し、日本連盟主催の強化合宿が開かれると、一部から「脇田強化部長は、浅津選手ばかり指導している」という声が上がった。2012年末の全日本選手権で下町ボブスレー1号機で優勝した吉村選手と浅津選手を育てたのが脇田であることは、競技関係者全員が知っていた。さらには、常に冗談を飛ばしている脇田の言動を指して「不真面目だ」という者までいた。そんなつもりはまったくない脇田は、当然、面白くない。強化部長を辞めようかという脇田を、細貝が引き止めた。

9月に入ると、北海道ボブスレー・スケルトン連盟（北海道連盟）の石川裕一会長から細貝に呼び出しがかかった。北海道連盟の母体は札幌の不動産開発会社「ぷらう」で、連盟の石川会長が社長を務めている。石川会長は蝶ネクタイに丸い眼鏡をかけた明治時代の貴族のような風貌《ふうぼう》で、北海道に限らず政財界に人脈があった。心の底からボブスレーを愛している男で、不動産会社が社会貢献でボブスレーを支援しているというより、経済的に自立しながらボブスレー競技や北海道の未来を支えるために会社を設立したと言った方が近い。ぷらうの社員は北海道連盟の職員や選手であり、外部の役員も含め、北海道連盟の全員が石川会長を尊敬していた。

細貝が札幌のオフィスを訪ねると、会議室に通された。そこには石川会長のほか役員ら10人ほどがいて、細貝を取り囲むように座った。そのなかには、下町ボブスレーを不採用にした石井元日本代表監督もいた。会議の目的は互いのわだかまりを解消することにあったが、北海道連盟側から、

「下町ボブスレーは共同開発時の選手の要望をすべて反映していなかった」

「ラトビア製の方が速かった」

「下町プロジェクトは本当に選手を応援する気があるのか」

「現在の日本連盟の強化体制には不満がある」

など、細貝に対し批判的な意見が次々と放たれた。

細貝は黙って聞いていた。普通の人間なら萎縮するところだが、細貝は学校時代、裏刺繍《ししゅう》の長い学ランとリーゼント姿で生徒会長選挙に立候補した男であり、社会人になると苦難を乗り越えて会社を創業し成長させてきた男である。肝の座り方が違った。

ふっと議論が途切れた瞬間、細貝が周囲を見渡して、

「もう、しゃべってもいいか？」

と切り出し、猛然と反論を展開した。石川会長が細貝の反論に「ほう」といった表情を見せながら

問いかける。

「僕は押切をぷらうで雇用してボブスレーに貢献している」

「俺も浅津を雇用しますよ」

「おお、そうか」

「押切が速ければ押切、浅津が速ければ浅津が五輪に出る。それでいいじゃないですか。ここにいない人の批判をしたって仕方ない。日本連盟の関係者が全員集まって、とことん本音で話すべきでしょう。ベクトルが合わなければ、日本のボブスレーは世界に勝てませんよ」

そう啖呵《たんか》を切った細貝だったが、すぐさま、

「腹が減りました」

と話題を変えた。すると、石川会長も、

「そうだ、飯にしよう。せっかく北海道に来たのだから、ジンギスカンを食べに行こう。おいしいお店を予約してある」

と応じた。


競技の現場には、アスリートたちの「勝ちたい」という強烈な思いがあり、選手を支える人たちの「勝たせたい」というこれもまた強烈な思いがある。一人ひとりが純粋に勝利を求めるからこそ、強烈な思いが対立関係を生み、選手vs選手、団体vs団体の駆け引きの渦が生まれる。

その渦から出てきた「勝者」にソリを提供するのが下町ボブスレープロジェクトのスタンスだが、

選手の応援に踏み出した瞬間、その渦のなかに巻き込まれていた。

ドイツでの性能テスト

11月、下町プロジェクトはドイツの「ハルトルさん」に新型機をテストしてもらうための欧州遠征を組んだ。日本からは脇田と浅津、ブレーカーとして熊谷史子が参加する予定だった。浅津が所属する北海道連盟に遠征計画を提出すると、「遠征の目的はトレーニングか」と確認が入った。日本連盟の強化部長である脇田が、特定の選手だけを海外で指導するのは問題があるというわけだ。下町プロジェクトは、目的がテストであることを説明し、北海道連盟の了承を取り付けた。

11月15日、脇田、浅津、熊谷はオーストリアのインスブルックへ飛んだ。現地でハルトルさん、栗山と合流し、インスブルックのイグルスコースでランナーやソリ足回りの部品を交換しながらのテストを実施した。仕事がある脇田は11月23日で帰国し、その後はドイツのケニクゼコースへ移動して、テストとトレーニングが行われた。

この欧州テストでは、下町プロジェクトが独自に開発・製作したランナーの性能を確認している。ランナー開発は、ムソー工業の尾針徹治、関鉄工所の関英一、上島熱処理工業所の坂田玲璽《れいじ》らが、東京大学工学部の加藤孝久教授にアドバイスをもらいながら進めていた。欧州製の実績あるランナーの形状を3Dスキャナーでデータ化して分析し、独自の工夫を加えた国産ランナーを製作して、比較テストする方針だった。

ランナーの形状分析では、大きく2つの論点があった。ひとつは、一般的な「ストレート型」のほかに「カービング型」と呼ばれる上から見た時に中央部がややくぼんだ形状のランナーがあること。スキー板でも同じ考え方があり、カービング型は「曲がりやすさ」を重視している。もうひとつの論点は、「最下点」と呼ばれる氷に接するポイントの位置である。横から見た時、ランナーの下端は一直線に見えるが、高精度な3Dスキャナーで分析すると、2カ所の「点」で氷に接していることがわかっていた。その最下点をランナーのどのあたりに設定するかがタイム短縮の鍵を握っている。

いずれも肉眼ではわからない高精度な加工技術を伴う課題であり、しかも、滑走するコースのレイアウトや、当日の天候、氷の温度などによってどのランナーが最適かが変わる。今回の欧州遠征では下町独自のランナー2セットを持ち込み、欧州製ランナーとの比較を行った。その結果、滑走タイムは欧州製の方が速かった。長い歴史と経験を持つ欧米チームを簡単には追い越せないが、下町プロジェクトも着実にノウハウを積んでいった。

競技シーズン到来

秋が深まり、2014-2015競技シーズンが始まった。日本連盟は、ピョンチャン五輪に向けた抜本的強化策として、競技の本場・欧州からスイス人監督を招へいした。この外国人監督の招へいが、日本のボブスレー競技の現場と下町プロジェクトの関係をさらに複雑にした。

通常、日本連盟の競技強化体制は、競技委員長が全体の方針を定め、その下で強化部長が現場を統括し、その下で監督が選手を指導する。今シーズンでいえば、鈴木競技委員長→脇田強化部長→スイス人監督のラインだ。しかし、鳴り物入りで招へいされた外国人監督は、実質的に競技の現場を統括し、脇田強化部長の立場が微妙になった。

脇田が春の時点で強化部長就任をためらったのも、この構図が当初から予想されたためだ。脇田は日本のボブスレーを強くするため強化部長を引き受けたが、競技の現場から批判を受けるなかでスイス人監督が着任すると、難しい立場に置かれた。細貝は脇田を励まし続けたが、その下町プロジェクトにも「浅津選手のためのプロジェクトではないのか」との疑いの目が向けられていた。いくら否定しても、そのどんよりとした空気を払拭することはできなかった。

2014年12月22日、下町プロジェクトにとって3回目の全日本ボブスレー選手権の公式練習が始まった。浅津選手は先月の欧州遠征に使用した下町ボブスレー2号機、本間選手は重量のある1号機を選択し、川崎選手が3号機、男子の大峡選手は完成したばかりの4号機に乗る。そして、北海道連盟の押切選手はラトビア・BTCのソリで参戦した。

会場となった長野スパイラルのスタートハウスには、前年まではなかった関係者以外立ち入り禁止のロープが張られ、ライバルチームに自分のソリを見せない、というピリピリした空気が漂っていた。下町メンバーは、多くの日本人選手に最新のソリを提供するというコンセプトで全日本選手権に参加していたから、この雰囲気にとまどった。選手を応援し、日本のボブスレー競技全体を支援しようとする下町プロジェクトだったが、いつの間にか「浅津選手&下町ボブスレーvs押切選手&ラトビア・BTC」の構図になってしまっていた。

押切選手は昨年の全日本選手権は下町ボブスレー1号機で参加したものの、経験不足からか規定時間以内にスタートせず失格に終わり、泣き崩れていた。しかし、今年は身体面を順調に強化し、経験を積んで操縦技術も向上し、女子のエースに成長。公式練習ではただ一人56秒を切る55秒84を記録していた。一方の浅津選手は、ブレーカーとしての実績と経験、優れた身体能力を持つものの、今シーズンにパイロットに転向したばかりで、公式練習の滑走タイムは56秒28。2番手のタイムを記録したものの、まだ氷の壁に時折ぶつかる荒削りな滑走だった。

会場には、1980年代に初の国産ボブスレーを開発・製作した三島久人氏が来場していた。まだインターネットもない時代に苦労して国際連盟のレギュレーションブックを入手し、日本代表チームに帯同して海外の大会を視察し、床に落ちているランナー研磨用の紙やすりをこっそり持ち帰って分析するような苦労を重ねたという。

「みんなで協力し、周囲の注目を集めながらソリを開発できる下町ボブスレーがうらやましい。がんばってください」

という大先輩の言葉に、大いに励まされた下町メンバーだった。しかし、当時の日本代表もまた、その大先輩のソリを採用しなかったという事実に暗い気持ちになる。

12月23日・火曜祝日。どんよりとした曇り空。快晴だった昨年と違い、今年の全日本選手権決勝は、厳しい寒さのなかで開催された。押切選手は1本目の滑走で54秒81を記録、女子の歴代記録を更新した。浅津選手は55秒74と前日から大幅に短縮したが、押切選手との勝負はすでについていた。

一方で収穫もあった。女子は出場した4チームのソリすべての最高速度が、男子優勝チームの最高速度を上回った。押切選手のタイムは男子の優勝タイムより速く、荒削りな浅津選手のタイムも男子で3位に相当する。良いソリを用意することによる競技全体の底上げと、日本の女子選手が男子より世界に近いこと、そして有望な選手が健全に競争することによるタイム短縮の効果が明白となった。

しかし、競技の現場の不満を受け止める日本連盟もまた、下町プロジェクトに対するスタンスを微妙に変え始めていた。

そして、2つの「事件」が起きる。

全日本選手権に4台の下町ボブスレーを提供し、日本のボブスレー競技の底上げに協力（2014年12月23日）

日本連盟への質問状

年が明け2015年に入ると、日本連盟は欧州強化合宿を実施した。外国人監督の招へいとともに、強化費を投入して海外でトレーニングを積む。日本連盟はピョンチャンへ向けて本格的な強化に取り組んでいた。欧州遠征には強化選手として押切選手や浅津選手のほか、男子でもケンケンスタートで全日本選手権準優勝となった中村一裕選手らが参加。中村選手もパイロットに転向し、本格的にボブスレー競技に取り組んでいた。

欧州遠征では、現地のレンタルソリを利用していた。体格に恵まれた中村選手が小さなレンタルソリのコックピットに座るものの、身体がはみ出している。

「これで大丈夫なんでしょうか?」

と不安げな中村だが、言葉の問題もあって外国人監督にはうまく伝わらなかった。

そして、駆け出しのパイロットである中村選手が、滑走中に転倒。救急車でインスブルックの大学病院に運ばれ、緊急手術が行われた。

下町プロジェクトにも一報が伝わる。

「……大丈夫なのか?」

「手術が成功して、命に別条はないらしい。でも選手生命は……」

細貝からの連絡を受け、ドイツ在住の栗山が病院に駆けつける。言葉も通じない異国の病院のベッドで、絶対安静の中村は身体を固定され横たわっていた。常に冗談を飛ばし何事にも前向きな中村が、口数少なく、不安な気持ちをぽつりぽつりと栗山に訴える。栗山は仕事があるにもかかわらず、毎日病院へ通い、中村を励ました。

2月になると、日本連盟が外国製のソリを購入するらしいとの情報が伝わってきた。2月16日、細貝と舟久保が日本連盟の北野貴裕会長に呼ばれ、銀座の北野建設・東京本社を訪問。スイス人監督の意向もあり外国製のソリ2台を調達することになったとの方針が告げられる。ただし、ピョンチャン五輪で絶対に下町ボブスレーを使わないと決めたわけではなく、比較テストを行う意向だという。

下町プロジェクトの定例会で、舟久保が経緯を説明し、メンバーが口々に意見を言う。

「外国製って、どこのソリ？」

「ドイツのシンガー社のソリらしい」

「スイス人監督が推薦した機種のようだ」

「下町が絶対だめではなく、比較テストをするとは言っている」

「……でも、買ったら、使うよな」

「もう、日本連盟との関係はあきらめて、海外のチームにオファーを出そうよ」

「でも、テストするって言っている間は動けない」

「早く結論を出してくれないと、ほかの国にオファーする時間もなくなってしまう」

細貝が立ち上がった。

「比較テストで下町ボブスレーは落とされるかもしれない。それでも、可能性があるうちはチャレンジする。一方でスイス人監督は浅津選手を高く評価しているから、選手がソリを選ぶならチャンスはある。結論をはっきりさせるために、文書で日本連盟に質問しよう」

3月、下町プロジェクトは日本連盟に対し質問状を提出した。

①いつ、どんなソリを購入するのでしょうか？
②購入目的は？　ピョンチャン五輪で使うのですか？
③ピョンチャン五輪で使うソリの採用基準を教えてください
④ソリを決めるのは日本連盟ですか？　選手個人ですか？
⑤日本連盟は下町ボブスレーとの協力関係を続けますか？
⑥下町プロジェクトにソリ開発だけでなく競技全体の支援を求める意向は変わりませんか？
⑦中村選手の事故の原因と再発防止策についてお考えをお聞かせください

舟久保と國廣が、再び東京・銀座の北野建設を訪問した。北野会長は、下町ボブスレーの不採用を決めたわけではなく、外国製ソリとの比較テストを行うとの説明を繰り返した。そして、質問状の最後の項目、中村選手の事故の話になると、北野会長の表情が変わった。

「ボブスレー競技に危険はつきものだ。選手もリスクを承知のうえで競技に取り組んでいる。外部の人間が騒ぎ立てないでほしい」

冷たい目。文書での回答はなかった。しかし、回答を待つまでもなく、日本連盟の下町ボブスレーに対する態度が変わったことがはっきり感じられた。

第3章

2度目の不採用通知を越えて

国際ボブスレー連盟の審査員が来日し、下町ボブスレーのレギュレーション対応をチェック（2015年10月14日）

1　明るくいこうぜ

横田のアイデア

「なんか暗いぞ。最初のころのイケイケムードを思い出せ」

２０１５年3月13日、下町プロジェクトの定例会議で、細貝がニヤニヤしながらメンバーにハッパをかける。

「俺たちはまったく知らなかったボブスレーを手探りで作り上げて、全日本選手権で優勝したんだぞ。不採用通告を受けても、ケンケンスタートで準優勝したんだぞ。また日本連盟が冷たくなったからって何だ。やるべきことは、はっきりしている。速いソリを作ればいいんだ」

そうだよな、といった感じでメンバーがうなずいている。ナイトペイジャー社長の横田信一郎が手を挙げた。

「細貝さん、自分の知り合いに日本人のレゲエミュージシャンがいます。日本のレゲエ音楽の第一人者でジャマイカ人の知り合いもたくさんいるようですから、誰かジャマイカのボブスレー関係者を紹介してもらえないか聞いてみましょうか?」

「おおー、クール・ランニングか」
誰ともなく、南国・ジャマイカがボブスレーに挑戦した物語を描いた映画の名前が挙がる。ソチ五輪の会場で、ジャマイカの応援団と盛り上がった記憶がよみがえる。日本がだめなら、世界に下町ボブスレーを売り込めばいい。映画によって世界的な人気チームになったジャマイカ代表なら申し分ない。

横田は町工場の社長であると同時に、趣味の領域を超えたカーマニアであり自動車レース用部品の製造を手がけていた。音楽の腕も作曲やキーボード演奏、コンピュータへの音楽の打ち込みなどセミプロ級で、プロミュージシャンにも知り合いがいた。マルチな才能を持つ男で、大田区産業振興協会の職員が最初にボブスレーの企画を持ちかけた相手も横田だった。

横田の父が創業した金属切削加工の町工場は、発注元大企業が部品購買戦略を変更したあおりを受けて経営破綻したが、横田と同じくプロミュージシャンを目指したことがある細貝の支援により、息子の横田が、手がけていた自動車レース部品部門を中心に経営を再建していた。

「横ちゃん、それ、頼むよ」

まだ日本連盟から正式な不採用通告を受けたわけではなく、ドイツ製ソリとの比較テストが行われることになっている。いまの段階でジャマイカに正式オファーを出すわけにはいかないが、ジャマイカのボブスレー関係者に下町ボブスレープロジェクトを説明し、反応を見ようということになった。日本連盟に2度目の不採用通告を受けた場合の保険だ。

「わかりました。あたってみます」

クール・ランニングのジャマイカ代表に伝手《つて》がある。細い、細い、簡単に切れそうな伝手ではあったが、伝手があることに変わりはない。

横田のアイデアは、下町メンバーを大いに励ました。

速いソリを作る努力

速いソリを作る努力は、日本連盟の変化とは関係なく続けられていた。2014年秋の欧州遠征では、独自製作ランナー（ソリの刃）のテストのほか、車体の足回りのテストも行われていた。

ボブスレーには、自動車のようなバネを使ったサスペンションはない。現在のレギュレーションではサスペンションの装備が認められていないからだ。認められていた時代もあったようだが、性能が上がって最高速度が速くなりすぎ、死亡事故が起きたため規制が厳しくなったといわれる。

そのため、現在のボブスレーは、車体全体で振動を吸収する素朴な作りになっている。具体的にはランナーを支えるランナーキャリアやフレーム本体がたわんで振動を吸収し、サスペンションの役割を果たす。また、ランナーとランナーキャリアの接続部や、フレームとCFRP（炭素繊維強化樹脂）ボディの接続部にはさみ込む「シム」と呼ばれる小さな板も、金属やプラスチック、ゴムなどと素材を変えることで、振動吸収特性を発揮する。

構造が単純なだけに、ボブスレーにいかにサスペンション機能を持たせるかは奥が深い課題だった。欧州遠征では、前後のランナーキャリアの設定を変え、山型に反らせたり、逆に谷型にたわませたりして、振動吸収特性を比較した。ドイツのイグルス滑走コースには、山型で固めのセッティングが合っているようだった。

また、この欧州遠征では、コーナー通過時に速度が伸びないことが課題として指摘されていた。いかにスピードを殺さずにコーナーを通過するか、そのための工夫が設計上の課題として浮かび上がった。

2015年1月、細貝は、大田区産業振興協会の産学連携コーディネーターと、ソリ開発について意見交換した。

「下町のソリの重量バランスは、前と後ろが6対4になっているんですが、逆の方がいいですよね」

「クルマではフロントヘビーはコーナリングに不利ですね」

このコーディネーターは大手自動車メーカーの元技術者で、開発だけでなく、レース活動の監督を務めた経験を持っている。定年退職後、中小企業の役に立ちたいと大田区産業振興協会で非常勤のアドバイザーを務めている。

「それと、BMWのソリを見ると、前のカウル（ボディ）と後ろのカウルが、斜めの線でつながっているような気がするんです。ほんのちょっとで、目の錯覚かもしれないんですけど。下町ボブスレーも試しに前後のフレームの接続部に角度をつけてみようと思うんです」

「バイクもクルマも、サスペンションにはキャスター角をつけるなど、いろいろなセッティングがあります。面白いアイデアじゃないですか」

ボブスレーの車体は、前部と後部に分割され、太いシャフト（軸）で前後をつないでいる。滑走コースのコーナーはソリが飛び出さないように外側が高くなっているから、ソリは斜めになりながら方向を変えていく。この時、前と後ろがねじれるようになっていないと、前後左右どこかのランナーが氷面から浮き上がり、転倒につながる。下町ボブスレー1号機から4号機までの接続部（カウルのつなぎ目）は氷面に対して垂直になっていたが、前後の接続シャフトをやや傾けると、カウルのつなぎ目は氷面に対してやや傾くことになる。

例えば、チクワを2つに切ることを想像してほしい。上からまっすぐ切ったチクワの両端を持って左右にねじっても、チクワはまっすぐなままだ。しかし、チクワを斜めに切って左右にねじると、切断面から「く」の字に曲がる（下図参照）。ボブスレーが左に旋回する時、ボディがね

図2 コーナーをスムーズに曲がるための仕組み

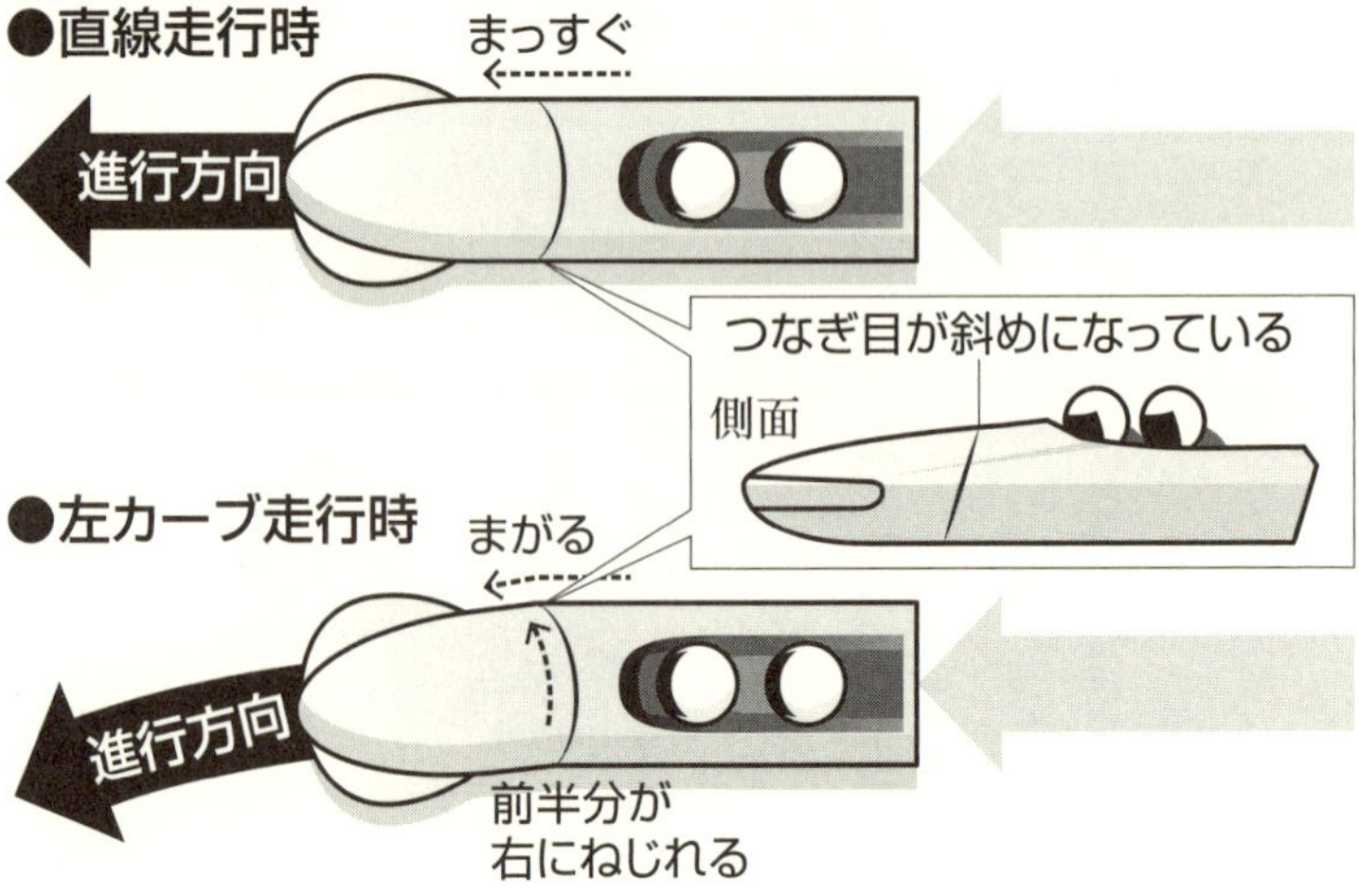

じれて左向きの「く」の字になれば、スムーズにコーナーを抜けられるのではないか？

「試す価値のあるアイデアだと思いますよ」

コーディネーターに背中を押された細貝は、1月26日の下町プロジェクト定例会で、さっそくメンバーにアイデアを説明し、今シーズン中にテストすると宣言した。

できたばかりの4号機を分解し、接続シャフトを3・5度傾ける作業が突貫工事で行われた。人工的に氷結させる長野スパイラルは1月いっぱいで競技シーズンを終えてしまうため、3月まで滑走できる欧州へもう一度遠征する必要があった。ドイツにいる栗山が急遽《きゅうきょ》、滑走可能なコースを調べ、2月23日から25日まで、再びオーストリアのイグルスコースでテストすることになった。急な話で日本からパイロット・ブレーカーを派遣できないため、栗山の紹介でハルトルさんとほかのドイツ選手にテストを依頼することになった。

ドイツ選手から届いたテスト結果の報告書には、

「普通のソリとはまったく違う操縦特性で、ハンドルを操作しなくてもソリが自分で勝手に曲がっていく感覚がある。私は、普通のソリの方が好きだ」

と書かれていた。テストパイロットには嫌われてしまったが、細貝はこの報告書に手応えを感じた。

「たぶん、3・5度という角度がやり過ぎなんだ。もっと微妙な角度にすれば、パイロットに不自然な感覚を与えず、スムーズなコーナリング特性を持たせることができる」

来シーズンに向けて、接続シャフトに角度を持たせた新型ソリの設計が始まった。

在日ジャマイカ大使館

一方、横田はレゲエミュージシャンの石井志津男氏に連絡を取った。レゲエ音楽はジャマイカのソウルミュージックであり、ジャマイカを代表するミュージシャン、ボブ・マーリーの名前を知っている人は多いだろう。石井氏は、日本におけるレゲエ音楽の第一人者だった。ジャマイカ本国にもたびたびレコーディングに行くなかで広い人脈を持ち、日本でレゲエを広めている石井氏は、ジャマイカの人々から尊敬されていた。

横田から下町ボブスレーの話を聞いた石井氏は、いきなり在日ジャマイカ大使館の大使を紹介すると約束してくれた。

「大使って、偉いんだよね」

「国を代表して赴任している人ですからね。普通は簡単に会えませんよね」

「大チャーンス！」

大使に会う、と言っても下町メンバーはまったく物怖じしない。プロジェクト初期の「イケイケムード」が戻ってきた。

「ところで、ジャマイカ人って何語を話すの？」

「英語らしいよ。イギリスの統治下にあったからだって」

急いでジャマイカボブスレーチームの情報をインターネットで収集する。

映画「クール・ランニング」のモデルとなった1988年カルガリー冬季五輪の後、92年アルベールビル、94年リレハンメル、98年長野、02年ソルトレイクシティまで五輪に連続出場。男子チームのみで2人乗りは最高で28位だが、4人乗りでは94年リレハンメル五輪で14位となっている。また、夏場に開催される、レール上のボブスレーを一人で押してタイムを競うプッシュ選手権では、2009年モナコ世界プッシュ選手権で優勝するなど身体能力は高い。しかし、2006年、2010年は五輪出場を逃し、2014年ソチ五輪で復活した。パイロットのワッツ選手は一度引退して46歳でのソチ五輪再挑戦だった。資金不足に悩んだがメディアの報道により13万ドルの寄付が集まった。ソチ五輪後は元米国代表のトッド氏がコーチに就任し、新メンバーのチームが活動を始めている。

いい感じではないか。さっそく、在日ジャマイカ大使館訪問に向け、細貝と横田のほかに、英語が話せる舟久保、黒坂の参加が決まった。みな、俺も俺もと大使館へ行きたがる。町工場を経営していて、大使館に行くことなど普通はない。一度、大使館というところに行ってみたい、というノリのいいメンバーたちだった。

4月28日、下町メンバー一行はジャマイカ大使館を訪問した。カリブ海に浮かぶ小さな島国であるジャマイカの大使館は、東京・虎ノ門にあるビルの一室だった。厳しいセキュリティチェックが、ここが大使館という非日常的な空間であることを感じさせた。

対応してくれたリカルド・アリコック大使は、長身で、映画俳優のようにかっこよく、明るく気さくな人だった。細貝を中心に説明し、舟久保と黒坂が通訳していく。

「下町ボブスレーというプロジェクトをやっております。クール・ランニングで有名なジャマイカの大使にお時間をいただき光栄です」

「よくいらっしゃいました。私も1993年にジャマイカボブスレー連盟の活動に自主的に参加していたんですよ」

「えっ、本当ですか」

下町プロジェクトは、応援してくれる元代表選手の脇田が大田区在住だったりと、「都合のいい偶然」が随所で起きる。今回もまた、幸先のいいスタートである。

「これまでにソリを4台作っていますが、日本ボブスレー連盟には残念ながら採用してもらっていません。欧州の専門家にも見ていただき、性能は悪くないと思っています」

「なるほど。自動車レースの世界でも、日本製の優れた部品を最初に採用するのは欧米メーカーだったりしますよね。日本は優れた技術を持っていますが、技術の利用については意外に保守的なんですね」

「ありがとうございます!」

「よくわかりました。ジャマイカボブスレー連盟の会長は知り合いですから、みなさんのお話を伝えておきますよ」

「本当ですか！　ありがとうございます！」

とんとん拍子とはこういうことを言うのだろう。意気揚々と大使館を引き上げる下町メンバー一行だった。

新3号機・新5号機

ソリの開発では、シャフトに傾斜角を持たせた新型機の製作が始まった。CFRPボディの製作には多額の費用がかかるため、今回はフレームだけを2台分新規に製作し、3号機と、できたばかりの5号機のボディを流用することになった。

また、3月24日には、東京工業大学から生まれたベンチャー企業、レゾニック・ジャパンの協力により、下町ボブスレーの重心位置を精密に計測

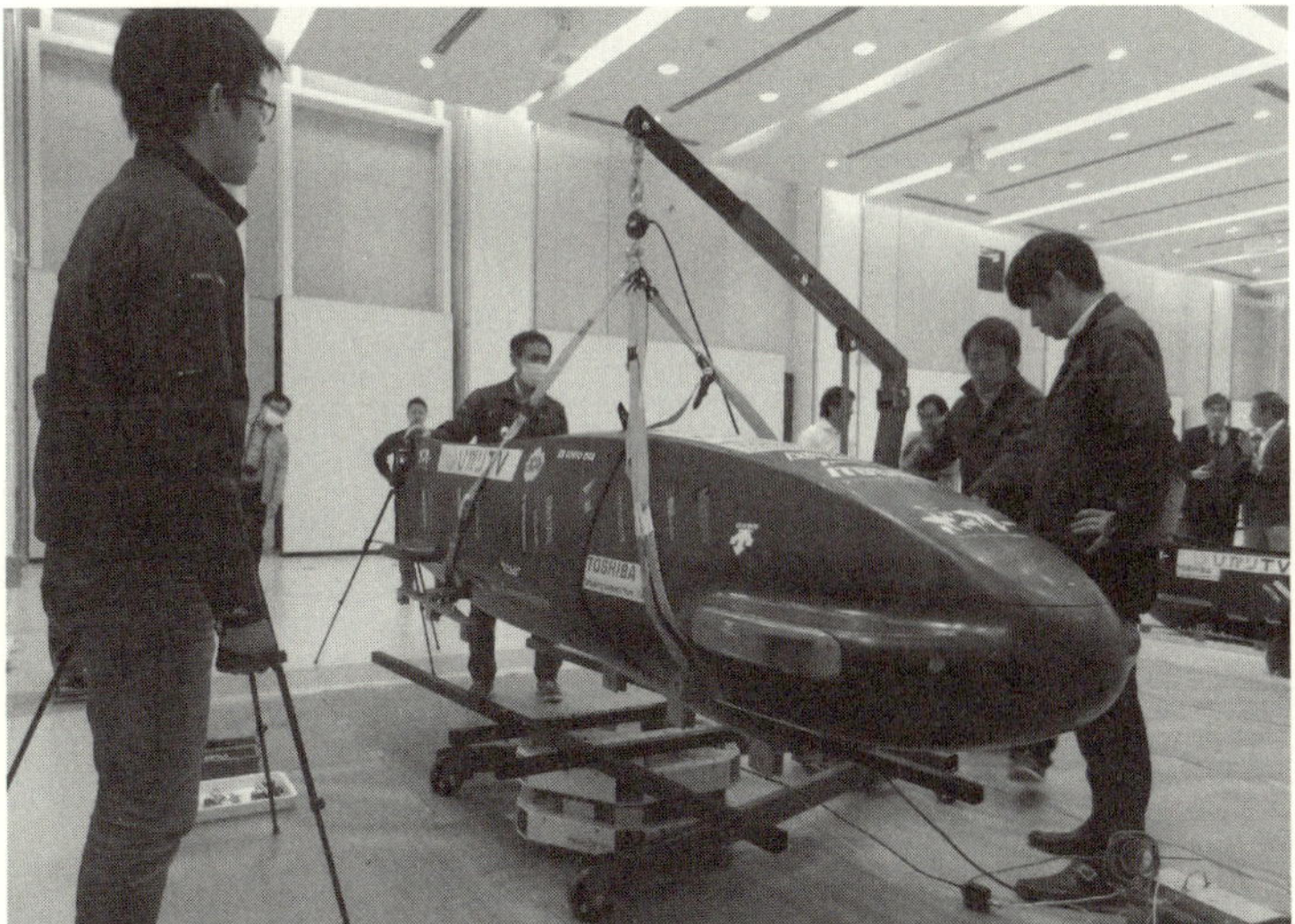

ソリ開発にはさまざまな企業が協力。レゾニック・ジャパンは下町ボブスレーの重心を測定した（2015年3月24日）

する実験が行われた。重心位置の測定はレーシングカーなどでも必ず行われる実験だが、従来の計測技術では対象となるレーシングカーやオートバイの向きを変えながら複数回計測する必要があり、手間と時間のかかる作業だった。レゾニックが開発した測定器は、対象物をバネで支持された台の上に置いて振動を与えるだけで、返ってきた信号を独自のアルゴリズムで計算し、一発で重心位置を測定することができた。この実験により、下町ボブスレーの重心位置が中心部より前方にあることが確認できただけでなく、精密に作られてはいるが、まだセンターが若干ずれていることがわかった。

こういった情報を元に、下町ボブスレー新型機の開発方針会議が開かれた。細貝とメカニックの鈴木から方針を説明する。

「まず、シャフトに傾斜角を持たせる。角度はテストした4号機より小さい1度と2度にして滑走タイムを比較検討する」

「フレーム全体をさらに精度高く組み上げるため、溶接時に絶対に位置がずれないよう、フレーム全体を固定する巨大な治具《じぐ》を作る」

「同じく精度をさらに向上するため、フレームの前部と後部をつなぐシャフトを支える基幹部品を、板金加工ではなく一体削り出しにする」

話を聞いていた東レ・カーボンマジックの奥社長がニヤリと笑う。

「みなさんもこういう話ができるようになりましたか。感慨深いですね」

下町ボブスレーは1号機から3号機まで、全体設計はレーシングマシンメーカーである東レ・カーボンマジックが図面を引いている。町工場側はこの全体設計図から部品図を起こし、各部品の製作と組み立てを担当していた。別に隠していたわけではなく東レ・カーボンマジックの役割は公表していたが、メディアの報道は「大田区の町工場がボブスレーを開発・製作」となっており、東レ・カーボンマジックの話は省略されることが多かった。

4号機・5号機は初めて下町側の鈴木が全体を設計しているが、東レ・カーボンマジックが全体設計した2号機・3号機とフレームのパイプ材料を変更しただけの図面だった。今回の新3号機・新5号機と呼ばれる新型ソリは、初めて町工場が最初の設計からすべて担当する。部品の受託加工が本業である町工場が、自ら独自製品の設計に踏み出した。

暗中模索

「ジャマイカ大使から返事、来た?」

「来ないんですよ。あれから3週間経っているんですけど」

「日本人はせかせかしすぎなんじゃない?」

とんとん拍子に進んだジャマイカ大使館訪問だったが、その後、連絡がない。

「大使に催促のメールを送るのって、失礼だよね」

「そうだよなあ」

それからさらに1週間。訪問から1カ月が過ぎても、返事は来なかった。そこで、失礼がないように、丁寧に丁寧に書いた英語のメールを、恐る恐る大使へ送った。

「返事、来た？」

「来ないんです……」

2回も催促メールを送るのは、さすがに気が引けた。細貝が言う。

「五輪でのボブスレー採用は、日本人相手でもこれだけ大変なんだから、ジャマイカがあっさり決まることなんてないよ。返事が来たら儲《もう》けもの、くらいの感じで、まずは速いソリを作ることに全力を挙げようぜ」

やはり細すぎる伝手だったのだろうか。イケイケムードを取り戻した下町メンバーは、多少がっかりしながらも、うつむくことなく新3号機・新5号機の開発に集中した。


そこに、日本連盟から「下町ボブスレーとドイツ製ソリの比較テストを、11月にドイツで行う」という連絡が届いた。比較テストに先立って、下町ボブスレーが国際連盟の定めるソリのレギュレーションを満たしているか、5月にも確認してほしいという。

「2号機はソチ五輪前のカルガリーのテストで、マテリアルチェックの結果、バンパーの形状を修正するように指導を受けたよね。それをすでに修正して欧州シニアカップにも出場しているのだから、レギュレーション上の問題はないんじゃないの？」

「そうだよなあ。でも、日本連盟はチェックしたいんだろうなあ」

「いいじゃん。堂々とマテリアルチェックをクリアしてやろうぜ」

暗くならず、イケイケムードを維持する下町メンバーだった。

レギュレーションへの適合審査は「マテリアルチェック」と呼ばれ、通常は国際大会の試合後に国際連盟の審査員による車体検査が行われる。今回は、日本連盟から国際連盟に特別に依頼し、単独でマテリアルチェックが行われることになった。マテリアルチェックを受けるため、下町ボブスレーをドイツへ送るか、あるいは国際連盟・審査員を日本に招く旅費を下町プロジェクトで負担してほしいという。ソリのドイツ往復には、輸送費が150万円かかる。下町プロジェクトは、審査員に来日してもらう方法を希望した。

2　速いソリを作ればいい

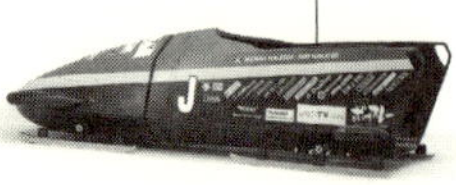

再挑戦

２０１５年６月４日、細貝は下町プロジェクトの定例会議で、速いソリを作るための開発・製作方針と今後のスケジュールをメンバーに示した。

「前後ボディの接続部に角度を持たせた実験機を2台作る。全体の精度も上げる。ボディは3号機と5号機のものを流用するけれど、フレームはすべて新調する。機構が変わるからこれまでの部品はほとんど使えないし、部品点数も増える。負担は大きいけれど、残念ながらジャマイカから返信がない現状では、俺たちは速いソリを作ることに集中するしかない。図面は6月10日には完成する。よろしく頼む」

部品の納期は8月末に設定、9月に組み立て、10月には出荷、10月半ばから欧州で下町プロジェクト独自の滑走テストをするスケジュールが示された。ドイツのハルトルさんの自宅に保管してもらっている2号機・4号機と、これから作る新3号機・新5号機を比較し、一番性能の優れたソリを日本連盟のテストに送り込む作戦だった。

日本連盟は11月にドイツで外国製ソリと下町ボブスレーの比較テストをすると言っている。比較テストの前には国際連盟のマテリアルチェックを受けるようにとの指示だった。

国際連盟・審査員の来日スケジュールはまだ決まっていないが、新3号機・新5号機の完成より前になるだろう。マテリアルチェックはすでに完成している別のソリで受けることになった。

この会議では、嬉《うれ》しい援軍の話も紹介された。たくさんの報道のおかげで知名度が上がった下町プロジェクトには、多くの有名メーカーの技術者が見学に訪れ、そのなかには技術的なアドバイスをくれる人も多かった。重心位置や慣性モーメントを測定してくれたレゾニック・ジャパンのように、共同テストに発展する案件もあった。今回は、ある大手メーカーの技術者たちが下町プロジェクトの「日本のものづくりの力を世界に示す」との趣旨に賛同、ソリのボディの空気抵抗を測定するため風洞実験設備を貸してくれるという。ソリの全長は３ｍを超える。測定可能な大型の風洞実験設備を保有する企業や研究所は限られていた。研究所の管理職が土日に風洞テストを手伝ってくれるというオファーは、下町プロジェクトにとって大変ありがたいものだった。

応援してくれる人はたくさんいた。細貝は大田区の幹部にもこの間の経緯を説明し協力を求めた。区側は区内に３００カ所以上ある区設掲示板のスペースを提供し、ここに下町ボブスレーのポスターを張り出すことになった。ソチ五輪で不採用となった下町ボブスレーが活動を継続し、韓国・ピョンチャン五輪に挑戦することを広く区民にアピールするのが目的である。

ポスター制作は、下町プロジェクト・広報部会のメンバーである大野精機の大野和明が取りまとめた。大野は父が経営する金属切削の町工場で、弟とともに工作機械を動かしている。本業の仕事は十二分に忙しいが、その合間を縫い、主に夜の時間を使って下町ボブスレーの広報活動を担当していた。下町ボブスレーの公式ホームページは、すべて大野が作り上げ、時折「素人が作っているとは思えない」と褒められるほどの出来だったが、その更新時間が深夜3時であることも珍しくなかった。

大野はマルチな才能を持つ横田とアイデアをまとめ、下町プロジェクトの初期から協力するデザイナーの臼田克紀が5つのデザイン案を作成した。滑走スタートシーンの写真を大きくレイアウトし、そこに添えるキャッチコピーはたった3文字。

「再・挑戦」

大きな活字をあしらったポスターが、区内の光写真印刷の協力で超特急で完成した。

大田区役所の区設掲示板の管理を担当する部署には、大田区産業振興協会出向中に、下町ボブスレーの最初の企画書を書いた職員が異動していた。さっそく新ポスターを張り出すスペースを準備し、大野が区役所へ大量のポスターを持ち込む。350枚のポスターに1枚1枚、張り出しの確認印を押していく。ポスターは区内全域の出張所へ送られた。

再度の戦いを挑む下町ボブスレーに対し、大田区を挙げて応援する動きが始まった。

今回の新3号機・新5号機も製作スケジュールはタイトだが、1カ月で作った1号機や4号機・5号機に比べれば約2カ月の時間がある。部品の製作説明会は2回に分けて開催し、より多くの町工場が参加できるようにした。

1回目の説明会は6月22日夜。大田区産業プラザPiOの特別会議室には区内町工場の経営者ら45人が集まった。細貝と舟久保のあいさつに続き、製作責任者の西村が説明に立つ。

「日本ボブスレー連盟は外国製のソリを買い、秋に下町ボブスレーと比較テストを行うと言っています。ソリの製作は大変な仕事で私も苦しいけれど、みなさんに作っていただいた下町ボブスレーが五輪で使われないのは悔しい。いまが山場です。この2台は絶対に悔いを残さないものを作り、みんなでピョンチャンを目指しましょう」

部品の納期は1次加工分が7月半ば、複数工程の加工が必要なものも含め、すべての部品を8月

10台の下町ボブスレーのたくさんの部品は、それぞれ大田区の町工場が最高の技術を注ぎ込んで製作している（2012年〜2017年）

のお盆休み前にそろえるという計画が示された。ソチ五輪不採用に加え、日本連盟が外国製ソリを買ったという絶望的な状況での製作依頼である。細貝はもし町工場の協力が得られなければ、すべて自分の会社・マテリアル1社で加工してでも新型機を作る腹を固め、新しい工作機械まで発注していた。

しかし、細貝や西村の話を聞いた参加者たちは、たくさんの部品図を持ち帰り、なかには一人で5～6枚の部品図を持っていく人もいた。21時に説明会が終了。残った図面に手配が難しいものはなかった。

6月26日夜、2回目の説明会にも約20人が集まった。大田区産業振興協会の会議室でこぢんまり開いた説明会には前向きなムードが漂い、ほとんどの部品図の担当企業が決まった。

大田区のたくさんの人々が下町ボブスレーの再挑戦を応援してくれているという事実に背中を押された下町プロジェクトメンバーは、居酒屋へ移動し、南の島からは返事が来ないにもかかわらず、「ジャマイカへ行こうぜ！」と気勢をあげたのだった。

比較テストに向けて

国際連盟によるマテリアルチェックの日程は、なかなか決まらなかった。当初、日本連盟は「5月にも」と言っていたが、通常のマテリアルチェックは国際的な競技大会の現場で行われるものであり、ボブスレー発展途上国・日本のために時間を割いてもらうのは簡単なことではないようだった。

6月には、日本連盟の会長自ら国際連盟がドイツで開いた会議の会場で幹部にかけあってくれ、日本連盟から下町プロジェクトに対し「マテリアルチェックをドイツにソリを運んで受けるか、審査員を日本に招くか午後1時までに決めてほしい」と連絡が入った。下町プロジェクト側は「審査員の来日」と即答するも、やはり話はまとまらなかった。

7月に入ると、マテリアルチェックの日程は9月に再設定された。8月に入ると、日本連盟が招へいしたスイス人監督によるソリのチェックも受けるようにとの指示が追加された。

9月14日、新3号機と新5号機の組み立て作業が始まった。もともと、マテリアルチェックは旧型ソリで受ける見込みだったが、その日程が9月以降にずれ込んだために新型機で受けることが可能になった。すでに一度マテリアルチェックを受けている2号機をもう一度見てもらうより、シャフトに傾斜角をつけるという新機構を採用した新型機2台を見てもらう方が、はるかに意味がある。下町プロジェクト側でも、ドイツの競技団体で働いている栗山を通じて、国際連盟にマテリアルチェック実現を側面から働きかけることにした。

9月24日には長野スパイラルの格納庫で、スイス人監督による下町ボブスレー新3号機のチェックが行われた。姿を現したスイス人監督は、立ち会った國廣《くにひろ》やメカニックの鈴木に対し、「いいソリだ。ドイツの私のチームでテストしてあげようか」と言った。

スイス人監督も下町ボブスレーの実力を認めてくれているようだった。

スケジュール決定の遅れは、ソリの輸送手配など事務方を悩ませた。ソリの国際輸送には、カルネを使った一時輸出入の手法を使っていた。一般的な輸出入では高額な関税を徴収されるため、人間の「パスポート」に相当する「カルネ（物品の一時輸入のための通関手帳）」を作成し、ソリと一緒に移動させる。輸出時に保証金を支払う必要があり、ボブスレーの場合で一台１５０万円ほど払うが、送ったソリを1年以内に出発地に戻せば保証金は返金される。ただし、カルネを作るためには「何を送るのか」と「どんな国を経由するのか」を申請しなければならなかった。

こういったソリ国際輸送のノウハウは、下町プロジェクト公式スポンサーの一社である日本通運に教えてもらっていた。日通の担当者である小峰康知は、五反田航空支店の営業マンで、常に冷静かつ温和に下町ボブスレーのバタバタした輸送手配を請け負ってくれていた。大田区産業振興協会の奥田が下町プロジェクトから集めた情報を整理し、小峰が輸送スケジュールを組んだ。

「今回はいつにも増して複雑ですよ。小峰さん、覚悟してください」

「どんな段取りですか？」

「まず新3号機と新5号機のマテリアルチェックが日本で行われる見込みです」

「いつですか？」

「決まっていませんが、発送直前になりそうです」

「はあ、下町のみなさん、相変わらず大変ですね」
「それから即、その2台を欧州へ送ります」
「欧州のどこでしょう？」

新3号機と新5号機の下町プロジェクトによる独自テストの場所は、ドイツの栗山が探してくれた。ドイツやスイスの滑走コースが地元連盟のイベントで埋まっており、ノルウェーのリレハンメルで独自にテストすることになっていた。この独自テストで速かった方のソリをドイツでの日本連盟の比較テストへ送る想定だった。

日本連盟による比較テスト終了後は、残った遅い方のソリとシャフトに傾きのない2号機を比較する独自テストをオーストリアのインスブルックで実施する計画を立てていた。これはより速いソリを作るための下町単独の独自テストだ。

もうひとつ、11月にドイツで開かれる医療機器部品の国際展示会「COMPAMED《コンパメッド》」の会場でソリを展示することになっていた。ものづくりの力を世界にアピールして仕事獲得につなげる活動の一環として、大田区産業振興協会が準備している事業だった。

「うーん、ノルウェーはEU加盟国ではないので、ドイツに転送するのにまた通関の時間がかかりますね」

「一方で、ハルトルさんの家に2号機と4号機が置いてあり、それぞれアルミ製のコンテナに入っています。日本連盟にソリを採用してもらえた場合、日本代表チームの欧州転戦に対応するため、提供するソリは一時輸出用の木箱ではなく、アルミコンテナに入れておく必要があります。ですから、事前にハルトルさんの家にアルミコンテナを取りに行っていただき、ノルウェー・リレハンメルでのテストの後、ドイツの日本連盟テストに送るソリを木箱からコンテナにチェンジしてください」

「……まとめて表にしないと何だかわかりませんね」

まとめた表はA3の大きな紙に細かい字でたくさんのスケジュールが並び、しかもテスト結果によって送るソリが変わるという複雑怪奇な行程表となった。しかも日通は、カルネの作成だけでなく、4台のソリやコンテナを運ぶトラックや飛行機を手配し、それぞれの国の支店担当者に連絡しなければならない。状況が動くたびに奥田から小峰に連絡が入り、小峰が表を修正した。

「……ぎりぎりの連絡ですみません。日本連盟からコンテナは必要ないという連絡が入りました」

「……わかりました」

小峰が再再再修正した表は、コンテナの段取りの欄に大きく赤いバツ印がつけられていた。

マテリアルチェック

9月16日に完成した新3号機と新5号機は、前後の車体を接続するシャフトに傾斜をつけ、コーナーを回る際に車体が微妙な「く」の字になる。新3号機はシャフトの傾きを1度、新5号機は2度に設定していた。いずれも今年2月に緊急改修・テストを行った4号機の3・5度よりマイルドな設定となっている。

また、シャフトを支える前後ボディ接続部の部品の作り方は、従来の板金加工から一体削り出し加工に変更された。フレームの「大黒柱」に相当するこの大型部品は、普通のソリでは鉄板を曲げて溶接する板金加工で作られている。これに対して一体削り出し加工は、金属の塊から彫刻のように最終形状を削り出していく。寸法精度は、複数部品をくっつける板金加工より、一体部品として仕上げる削り出し加工の方が高い。これまでの下町ボブスレーも高度な技術を持つ溶接職人の手で、熱による反りを勘案しながら高精度に仕上げられていたが、新型機ではさらに高度な組み立て精度が求められた。

どんなに高精度で作られたものであったとしても、日本連盟による比較テストを受ける前に、下町プロジェクトによる独自テストを行っておく必要があった。新型機にマイナートラブルがあるのはものづくりの常識で、そのうえ新型機はシャフトに傾きをつけた実験機だった。完成したばかりの新型機で比較テストを受けるのはリスクが大きすぎた。

栗山がセットしてくれたノルウェー・リレハンメルでの独自テストは、11月1日からの予定だった。それに間に合わせるためには、10月16日には日本からソリを発送する必要がある。それまでにマテリアルチェックを終える必要があり、残された時間は少なかった。

10月2日、マテリアルチェックを行う国際連盟・審査員の来日スケジュールがようやく決まった。2名が10月13日に来日し、翌14日に審査を行う。まさに、ソリ発送までぎりぎり。来日スケジュールは、審査後にとんぼ返りする2泊5日の強行軍だった。

10月13日夕刻、ルーマニアのブカレストからはるばる来日したドラゴス氏は、国際連盟のソリ審査員のなかでも一番のベテランで、過去には自身もボブスレー選手としてルーマニア代表チームで活躍した人物だった。もう一人の、ドイツから来たオーストリア人のレイク氏は、国際連盟の若手の事務職で、ドラゴス氏の審査をサポートするとのことだった。

来日したばかりの二人を、細貝、國廣ほか数人が夕食のためレストランへ案内する。中立公正な審査に誇りを持つドラゴス氏は、下町メンバーとあまり話そうとしなかった。國廣が二人のために用意した英文のパワーポイント3枚の資料を元に、下町ボブスレープロジェクトの狙いと、これまでの活動内容を紹介する。ボブスレー後進国の日本で七転八倒してきた下町ボブスレーの話を聞き、ドラゴス氏が「ほほう」といった表情を見せ、初めて笑った。

翌14日、朝9時50分。細貝が経営するマテリアルの工場1階スペースに、ドラゴス氏とレイク氏がやって来た。新3号機と新5号機が並べて置かれ、そわそわした下町メンバーのほか、日本連盟から鈴木省三競技委員長も姿を見せていた。

ドラゴス氏が、ソリ各部の寸法を測るゲージ類や、超音波探傷機、マイクロスコープなどマテリアルチェックに必要な各種の機器を取り出す。

まず磁石を使って、フレームの素材がレギュレーションで指定された「鉄」であるかを確認している。それからボディ内部の構造を確認し、大きなノギスで各部の寸法をチェックする。

「温度によって収縮するから、寸法はレギュレーションに対して余裕を持たせておいた方が良い」

とアドバイス。鈴木がメモを取っている。

「ここまではOK。次はソリの裏側を見たい」

メンバーが新5号機をひっくり返し、ドラゴス氏が足回りの部品の寸法や動作をチェックしていく。

「このスペーサーの材質は？」

「ゴムで厚さは2㎜です」

「ゴムで3㎜以下ならOKだ」

ドラゴス氏が時折発する質問に、メカニックの鈴木が緊張しながら答えていく。国際連盟が定めるソリのレギュレーションは厚みのある冊子だが、下町プロジェクトはその全文を詳細に検討し対応している。絶対に大丈夫なはずだと思っても、やはり工場内には緊張感があふれ、誰もが小声で話し、ドラゴス氏の動きを見つめていた。

「OK」

ドラゴス氏の小声のつぶやきに、メンバーが聞き耳を立てている。

もう一度、ソリのコックピットを覗《のぞ》き込んだドラゴス氏が、マイクロスコープを手に新3号機の特徴である前後フレームをつなぐ一体削り出しの「大黒柱」をながめている。

「一般的なソリはこの部分が板金加工で作られており、マイクロスコープで部品内部を確認している。このソリの部品は内部が空洞か？」

「いえ。精度を確保するために一体削り出し加工を採用しています。金属の一体部品で、中空構造ではありません」

ドラゴス氏が「なるほど」といった表情を浮かべ、下町メンバーを見渡してからメカニックの鈴木を見つめる。にっこり微笑《ほほえ》み、鈴木に握手を求めてきた。

「パーフェクトだ。君たちは、いい仕事をしている」

ベテラン審査員からの、予期せぬお褒めの言葉。

「おおーっ！」

下町メンバーから歓声と喜びの拍手が起きた。ドラゴス氏がマテリアルチェック合格の証書にサインしている。

「ランナーも見てもらえませんか？」

メカニックの鈴木がドラゴス氏にお願いする。

「公式な審査はできない」

というドラゴス氏は、一個人としてアドバイスしてくれることになった。

「よくできたランナーだと思う」

「ランナーが氷に接する最下点は、どこに設定するのがいいのでしょう？」

「それはすべての国のトップシークレット、勝負所だよ」

だんだん図々しくなるメカニックの鈴木であった。わからないことは遠慮なく聞くのが下町流だ。日本連盟の鈴木競技委員長は、下町ボブスレーがマテリアルチェックをクリアするのを黙って見つめていた。下町プロジェクトの広報を担当する奥田は、鈴木競技委員長にドイツでの比較テストの目的を確認するタイミングを計っていた。

日本連盟は、ドイツでの比較テストについて、9月10日に文書で通告してきていた。文書のタイトルは「ボブスレー日本代表用そりの選定について」で、本文は次のようになっていた。

「2015－2016シーズンより、ボブスレー日本代表チームが国際競技大会をはじめとする海外遠征で使用するそりにつきましては、競技委員会ボブスレー強化部によるそり選抜テストを実施し、代表選手に合わせたそりを選定することと致しました」

この文面には「五輪」という言葉がない。ピョンチャン五輪本番は2017－2018競技シーズンであり、シーズン前のこの段階では五輪は3シーズンも先の話だった。下町ボブスレーでは、今回製作した新3号機・新5号機はボディを流用してシャフト傾斜角の効果を検証する実験機という位置づけであり、ピョンチャン五輪本番用の新型ソリは2016－2017競技シーズンに投入する計画になっていた。

状況を考えれば、日本連盟の通達は、「日本代表が当面使うソリを選定するもの」と読むこともできた。通達は2015－2016競技シーズンを始点に「終わりはいつまでか」と、国際競技大会をはじめとする海外遠征に「ピョンチャン五輪が含まれるのか」があいまいになっていた。そこに、下町メンバーは、一途の望みをかけていた。

しかし、奥田の問いに対する鈴木競技委員長の答えは、

「五輪で使うソリを選ぶためのテストです」

というものだった。

3　運命のドイツテスト

落選予告会見

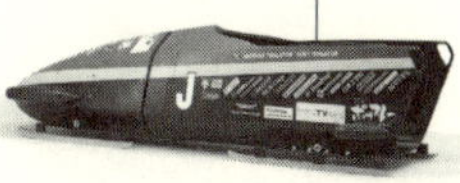

新3号機完成の記者会見は、マテリアルチェックの翌日、10月15日に設定された。11月1日からノルウェー・リレハンメルで事前テストを行うためには、16日には日本から新型機を送り出す必要があり、記者会見の日程はほかに選択の余地がなかった。

いつもの記者会見は、大田区産業プラザPiOのホールを使っていた。しかし、10月15日はPiOのホールが一般予約で埋まっていた。そこで、PiO内にオープンしたばかりの交流施設「biz BEACH CoWorking（ビズ・ビーチ・コワーキング）」にかけあい、新しい施設のPRを兼ね、下町ボブスレーの記者会見場として使う了承を取り付けた。biz BEACHは、経営者やベンチャー起業家が集まり、情報交換やセミナーを開くコ・ワーキングスペースだった。

「下町ボブスレーは日本連盟の比較テストで落ちる可能性が高い、と記者会見で言ってしまった方がいいんじゃないでしょうか？」

「そうだな。メディアの人にも心の準備をしてもらった方がいいな」

奥田と細貝の相談で、記者会見の方針が決まった。下町ボブスレーの広報活動は、細貝、横田、大野を中心とする下町プロジェクトの広報部会と大田区産業振興協会が担当。下町広報部会はポスターや冊子といったPRツールの作成やイベント企画を主に担当し、マスメディアへの対応は主に振興協会が担当している。

下町ボブスレーの広報活動は、小さなタウン誌やフリーペーパーから大手新聞社・テレビ局までメディアを差別することなく極力取材に対応すること、都合の悪い情報も隠さずすべて公開することを基本にしていた。2号機・3号機の製作時に「競合国にソリ内部を見せたくない」という日本連盟の要望で加工の様子を非公開にしたことはあるが、そのほかはほとんど公開。ソチ五輪前の不採用通告時にも、下町ボブスレーには不具合が多いと思われるリスクを覚悟のうえで、選手側からの改修要望27項目の内容をすべて公開していた。

今回のニュースリリースのタイトルは「新3号機・新5号機完成」ではなく、「日本連盟による採用テストについて」に決まった。「日本連盟はこのほどドイツ製の新しいソリ2台を調達していることから、下町ボブスレー側では、ドイツ製ソリvs下町ボブスレーの一騎打ちになるとみています」と明記した。下書きのニュースリリースでは、テストの結果が「ピョンチャン五輪での採用に影響するものとみられます」としていたが、前日のマテリアルチェックでの競技委員長の言葉を受け、「ピョンチャン五輪での採用に直結するものとみられます」に修正した。

朝9時、下町メンバーが集合し、鈴木がマテリアルからトラックで運んできた新3号機を、みんなでPiO2階のbiz BEACHへ運び込んだ。biz BEACHは、ラウンドテーブルや白黒の椅子を配した洒落《しゃれ》た室内デザインを採用している。鮮やかな緑の人工芝カーペットの上に新3号機を置き、その後ろに細貝と舟久保が並ぶ会見席を作り、周囲に記者が座る椅子を半円形に並べていく。会見者と記者の距離が近く、じっくり話ができる会見場ができあがった。

テレビ局のカメラが入り、10時会見スタート。約50席が満席となった。はじめに、舟久保が下町ボブスレーの活動経緯を「スタート」「発展期と暗転」「巻き返し」の3枚のプレゼン資料で説明する。プロジェクトを立ち上げた狙いから、1号機の開発と全日本選手権優勝、日本連盟との包括協力協定と2・3号機の製作、そして、ソチ五輪不採用から、独自のテスト、日本連盟との再度の協力——。前日までマテリアルチェックの準備などで忙殺され、記者会見の準備やリハーサルを満足にできなかったなか、舟久保が必死にパワーポイントの資料を追いかけながら、ジェットコースターのような下町ボブスレーの歴史を説明していく。

続いて細貝が、今回の日本連盟テストについて説明する。

①テストの目的は2015-2016競技シーズン以降の海外遠征で使用するソリを選ぶこと
②テストは11月12日~15日のいずれか1日にドイツ・ケニクゼで行われる
③そりの重量やランナー、パイロット・ブレーカーを同一条件にする
④滑走タイムを各ソリ2本ずつ計測する

⑤下町ボブスレーは9月16日に完成した研究開発用の新型機でテストを受ける

そして、新3号機と新5号機の特徴について説明していく。細貝はパワーポイントの資料を見ることなく、自分のリズムで話を進めた。進行役の奥田が、細貝の話に合わせてパワーポイントの資料を行ったり来たりさせている。

説明が終わると、記者が「うーん」となる、なんともいえない雰囲気になった。はっきり言わなくても、「下町ボブスレーはたぶん落ちる」というメッセージが記者に伝わった。

若い女性記者が質疑応答の先陣を切って手を挙げる。

「もし不採用なら、下町ボブスレーは活動をやめますか?」

「やめません。五輪に出場するまで絶対にあきらめません」

細貝が即答する。

テストの概要や、新型機に対する質問が続く。日本連盟からのテスト実施の通告文書もプロジェクターに映写しており、「五輪で使うソリを選ぶとは明記されていないようだが」といったテストの位置づけについての質問もあった。長く続いた質疑応答の終盤、NHK経済部のディレクターが手を挙げた。

「きょうの記者会見には、日本連盟に対する不信感がにじみ出ています。今後の協力関係をどう考えていますか?」

このディレクターは、下町ボブスレーがプロジェクト開始を宣言した2012年5月の最初の記者会見から、ずっと下町ボブスレーの浮き沈みを見てきた。

事情をよく知る鋭い質問に、細貝は直接答えず、

「今回のテストがだめなら、世界で勝負することも考えます」

と海外のボブスレーチームへの売り込みに初めて言及した。細貝らしい、機転の効いたアドリブ。日本人として日本代表ボブスレーチームを全力で応援するが、どうしてもだめなら海外に目を転じる。そのスタンスをはっきり示した。

下町プロジェクトは、2度目の不採用通告という結果が待っている可能性が高い比較テストに、メディアと社会の注目を引きつけ、自らの退路を絶った。しかし、イケイケムードのメンバーに悲壮感はなく、会見終了後はメンバーが新3号機を囲み、カメラの列に向かってボブピースを決める。ボブピースとは、下町メンバーが考案し、撮影の際に必ず決める三本指を立てたポーズ。人差し指と中指は勝利を表す「Vサイン」、立てた親指は「グッドジョブ」を示している。

神戸と札幌

2015年10月31日・土曜日、ノルウェー事前テストへ向けメンバーが日本を発った翌日、下町ボブスレーのもうひとつのグループは神戸にいた。

下町プロジェクトでは金属切削を中心とするものづくり企業のメンバーが目立つ。しかし、実際の中心メンバーには、ボブスレーにあまり使わない樹脂部品の加工会社のメンバーや、非製造業のボランティアメンバーもいる。各種のイベントでのソリの展示や募金の呼びかけ、ソリの搬送は、こういったメンバーに支えられている。

このサポートチームが今回、栄養ドリンクの「レッドブル」が主催するイベント「フルーグタグ」に参加した。フルーグタグは、有名な鳥人間コンテストのレッドブル版といったイベントで、全国から集まったチームがそれぞれ趣向を凝らしたマシンで神戸港へ向けて飛び立つ。実際には、飛び立つ、というより、海に向けて落ちる者の方が多く、笑いをいかに取るかが重要な審査項目になっている。下町プロジェクト広報部会の横田が見つけたイベントで、樹脂加工の堤工業社長・栗原良一をリーダーに、行政書士の大井公美子、義肢・装具メーカーに勤める島雄正一、車椅子メーカーに勤める池田仁らが中心となって準備した。

下町ボブスレー・フルーグタグチームは、空いている町工場のスペースや地元の日本工学院専門学校が提供してくれたスペースを借り、ほぼ実寸大のボブスレーに羽根をつけ、黒く塗った。もちろんそれぞれの仕事が終わってから、夜間の作業であるが、サポートチームでも、ものづくりはお手の物。立派な空飛ぶボブスレーが完成し、トラックで神戸港へと運ばれた。

ものづくりはお手の物だが、さすがに、飛ばない。神戸港に集まった2万人の観客と、生中継するテレビの視聴者が見つめるなか、大井公美子が何か叫びながら、羽根つき下町ボブスレーとともに海へとダイビングした。

日本連盟の比較テストという大一番を前に、落ちたのではなく飛んだのであるが、テレビ中継を見守る下町メンバーは、
「落ちた」
と笑い転げていた。

その翌日、11月1日・日曜日には、國廣と奥田が札幌にいた。二人は北海道ボブスレー連盟の創立50周年記念祝賀会に招待されていた。昼過ぎに着いた二人は夕方からの記念式典の前に、大倉山シャンツェ（ジャンプ競技場）にある「札幌ウィンタースポーツミュージアム」を訪れた。

２０１２年に下町ボブスレープロジェクトが始まった当初、下町メンバーは自分たちが作るソリは初の国産ボブスレーだと思っていた。ところが、新聞社の記者に「札幌の博物館に三島さんが作った国産ボブスレーが展示されているのを知ら

神戸港で行われたイベント「フルーグタグ」に、空飛ぶ下町ボブスレーチームが出場（2015年10月31日）

ないのか」と怒られ、以降、国産初という表現をやめた。昨年末の全日本ボブスレー選手権で、その三島久人氏本人から１９８０年代のソリ製作の苦労を聞き、今回、ぜひとも三島号を見たいと思ったのである。

札幌ウィンタースポーツミュージアムには、過去の冬季五輪に参加した選手のウエアや道具の展示のほか、スキーのジャンプ競技でアプローチ（助走路）から飛び出す「踏み切りタイミング」の体験コーナーなど、来場者を楽しませる展示がそろう。札幌冬季五輪での各競技の成績や選手名といった資料も豊富だ。踏み切りタイミングの体験コーナーで、奥田をしのぐ高得点をマークした國廣が勝ち誇ったように笑っている。

三島氏が作った4人乗りボブスレーは、展示スペースの中央やや奥に置かれていた。乗り込んでボタンを押すと、ボブスレーの前に置かれたプロジェクタースクリーンに滑走コースが映し出される。30年近く前のソリと思われるが、ボディは一般的なＦＲＰ（繊維強化樹脂）製、金属のフレーム、ステアリング機構、ブレーキ、いずれも現代のソリと大きな違いはない。よくまとまった良いソリに思われた。下町ボブスレーが１００社もの協力企業で分担して製作しても大変なのに、たった一人でソリを作り上げた三島氏の苦労がしのばれた。

近くに立つ説明員に聞くと、

「外国製のソリに比べると、技術的に大きな差があったんです」

と冷たいことを言う。今も昔も、日本人は舶来品をありがたがる傾向があるのかもしれない。

三島氏のソリが日本代表チームに採用されていたら、日本のボブスレーの歴史は変わり、下町ボブスレープロジェクトも始まっていなかったかもしれない。

ミュージアムを出ると、隣の大倉山シャンツェではスキージャンプ競技のNHK杯がちょうど終わったところだった。最近人気の女子選手がテレビのインタビューを受けている。観客が行列を作っているのは、クジでTシャツが当たった人々で、選手がそのTシャツにサインしてくれるのだという。

「ボブスレー競技も、ファンを増やすためにこういう工夫をしないといけませんよね」

と話す二人だった。

16時30分、「北海道ボブスレー・スケルトン連盟創立50周年記念祝賀会」の会場となったホテルオークラ札幌の宴会場に来場者が集まってきた。國廣と奥田は、片っぱしから名刺交換して回る。来場者は北海道連盟のOBが多く、そのほとんどが元ボブスレー選手だった。元選手の職業はさまざまで、市議会議員になっている人までいるのが札幌らしい。そして、名刺交換したほとんどの人が下町ボブスレーを知っており、「期待しています」と励ましてくれた。

日本連盟の北野会長も来賓として参加していた。國廣と奥田が近づいてあいさつすると、

「比較テストがんばってね。うまくいかなくてもがっかりしないように」

とのことだった。

記念祝賀会が散会となると、國廣と奥田は、北海道連盟の城田仁理事長と古川靖彦事務局長に二次会に誘われ、場所を移すことになった。北海道連盟は押切選手をエースとして応援している。「浅津選手・下町ボブスレーvs押切選手・ラトビアBTC」の構図になってしまっているため、この式典への参加は敵陣に二人で乗り込む形を覚悟していたが、温かく迎えてもらった。北海道連盟は将来的に国産ボブスレーが必要と考えており、下町ボブスレーと協力したいとの話だった。

ピョンチャン五輪の次は2022年北京冬季五輪が決まっており、その次の冬季五輪には札幌の名前も挙がっている。地域を挙げてボブスレー振興に取り組む北海道は、下町ボブスレープロジェクトにとってもこの先重要なパートナーになりそうだった。

不採用決定

2015年10月30日・金曜日、22時成田空港発の飛行機で脇田寿雄、鈴木信幸、熊谷史子の3人がノルウェーへ向けて出発した。脇田は外資系企業のサラリーマン、鈴木はマテリアルの技術部長、ブレーカーを務める熊谷は福井県の中学校の先生である。仕事を優先した深夜便で料金の安いものを探すと、ドバイを経由するこの便になった。翌31日昼に、オスロ空港に到着。ドイツから来た栗山と合流し、レンタカーで2時間かけてリレハンメルに到着した。

翌11月1日朝、競技場に新3号機と新5号機が届き、さっそく事前テストが始まった。リレハンメル・オリンピック・ボブスレーリュージュ・トラックは1994年リレハンメル冬季五輪の会場として建設され、全長1365m、高低差114・3mのコースに16のコーナーがレイアウトされている。11月1日から6日まで予約しているが、ノルウェーからドイツへの通関手続きを考えると、11月4日の午後にはソリをドイツへ発送しなければならない。

しかし、滑走を始めるとすぐ課題が生じた。まったくの新型機である2台はやはり細かい初期トラブルがあり、ステアリングが重い。滑走を中断し、メカニックの鈴木による調整が始まった。栗山から連絡を受けた國廣と奥田が、札幌からの帰りの飛行機を千歳空港で待ちながら、新型機の調整が間に合わない場合、ドイツにある2号機を日本連盟テストに送る段取りの検討を始める。

鈴木は翌2日、部品交換や取り付け位置の変更により、ステアリング機構の調整を完了。再び脇田と熊谷による滑走が始まった。

滑走本数が限られるなかでは、傾斜角1度と2度の違いまでは検証できなかった。パイロットを務めた脇田は、ハンドリングが安定し、重量も軽い新3号機をドイツへ送ることを決定。新3号機は日通によってあわただしくドイツへ輸送された。その後も脇田と熊谷は、残った新5号機のテストを続け、11月7日に帰国。栗山は、脇田・熊谷の帰国を見送ると、日本連盟の比較テストに立ち会うためドイツへ戻った。

日本連盟の比較テストの日程は、11月12日から15日のうちの1日とされ、実際の実施日はなかなか決まらなかった。下町プロジェクト側では栗山がテストに立ち会うことになっていたが、栗山にも仕事があり、日程によっては立ち会えない事態も予想された。

また、下町ボブスレーがテストに合格すれば、日本代表候補チームの遠征にそのまま持っていってもらうことになる一方で、もし不採用になった場合はソリを日本へ返送しなければならなかった。ところが、不合格の場合の引き渡し方法もなかなか決まらず、栗山がケニクゼコースにかけあい、競技場内でソリをしばらく預かってもらい、改めて日通ドイツが引き取りに行く段取りをつけた。

11月11日午前10時、ドイツのケニクゼコースにて、やや遅れて現れた日本連盟のスタッフに、日通と栗山から新3号機が引き渡された。テスト本番は13日19時からを予定し、テスト時間が足りなければもう1日テストを行う方針が伝えられた。


日本時間の11月14日・土曜日、16時。ドイツは朝8時。前日の比較テストに立ち会えなかった栗山がケニクゼコースに駆けつけ、スイス人監督をつかまえた。

「滑走タイムは同等。ただしスイス人監督は、下町ボブスレーはステアリングが重いと言っています。今夜、2回目のテストが行われます」

栗山からメールで速報が入る。日本時間の夜になると、栗山から前日のテストの滑走タイムを記録したリザルト（結果）が送られてきた。

1本目ドイツ製　滑走タイム60秒98、最高速度109・96km
2本目新3号機　同60秒72、110・74km

3本目新3号機　同60秒17、111・57km
4本目ドイツ製　同60秒06、110・35km

滑走タイムは1勝1敗でほぼ同等、最高速度は2回とも下町ボブスレーの方が速い。栗山が確認した滑走動画には、スタートタイムの差が出ないよう、ソリをそっと押し出して慎重にテストする様子が映し出されていた。

日本時間の深夜、細貝や國廣がフェイスブックに代わる代わるメッセージを書き込んでいる。

「数字を見て自信がついた！」

「やばい、メダル取れちゃうかも」

「落ち着いてください（笑）」

11月15日・日曜日、日本の朝7時。ドイツは前日の深夜23時で、2回目のテストは終了しているはずだが、栗山からメールは届いていない。

「便りがないのは状況が変わっていないからだろう」

と言いながらもメンバーはみな、自宅で過ごす休日の朝にそわそわしている。

朝9時、栗山から細貝にメールが届く。

「これはだめだな……」

細貝がつぶやいた。栗山から届いたテスト2日目のリザルトは、数字が一変していた。

1本目新3号機　滑走タイム58秒71、最高速度113・53km
2本目ドイツ製　同57秒38、114・63km
3本目新3号機　同58秒31、113・97km
4本目ドイツ製　同57秒49、115・05km
5本目新3号機　同58秒96、112・18km
6本目ドイツ製　同57秒82、114・32km

下町ボブスレー新3号機は、ドイツ・シンガー社のソリより1秒近く遅いという結果に、下町メンバーは目を疑った。ボブスレー競技は五輪種目のなかでも道具の果たす役割が大きいと言われるが、それは0・01秒を争う世界の話である。下町ボブスレー新3号機は、ベテランの国際連盟・審査員が「いい仕事をしている」と評価したソリだ。同じ重量、同じランナー、同じパイロットの操縦で1秒も遅いという結果は信じられないものだった。

「初日と2日目で明らかに逆転しているから、何か要因があるはずだ……。いずれにせよ、やっぱり落ちたな」

と細貝がつぶやく。

日本代表候補チームは次の目的地へ向けドイツを出発し、栗山から、

「下町ボブスレー新3号機は、宿舎の駐車場に置いていったようだ」

と一報が入る。ソリを置いていったということは、比較テストで落選したことを意味していた。

栗山がホテルへ直行し、ソリは発見したが、カルネがない。人間のパスポートに相当するカルネがなければ、ソリを日本に戻せず、保証金の150万円も戻ってこない。日本にいる奥田が日本連盟に問い合わせ、やっと「カルネはランナーケースのなか」との回答を得る。栗山に連絡すると、カルネは無事に見つかった。


11月16日、細貝が言う「要因」を探る作業が始まった。1回目と2回目のテストの間に、何があったのか——。

栗山に確認すると、滑走タイムを左右するランナーは2セット使っており、初日と2日目で入れ替えていた。慣らし運転の初日は良い方のランナーを下町ボブスレーに取り付け、2日目はドイツ・シンガー社のソリに取り付けたのだろうか。また、初日は下町ボブスレー新3号機の方がやや重い状態のまま滑走し、1回目のテストで同等のタイムが出た後、ドイツ・シンガー社のメカニックが自社のソリを完全に分解し、下町ボブスレー新3号機と重量を合わせるウエイト（重り）を積んで完璧に整備し直したこともわかった。

そんな確認作業のなか、日本連盟から細貝に呼び出しがかかった。あす、東京・銀座の北野建設東京本社で、日本連盟の北野会長が、直接会ってテスト結果を説明するという。北野面談を受け、下町プロジェクトとして翌18日に記者会見を開くことにした。

11月17日午前、國廣のクルマに細貝と奥田が同乗し、銀座へ向かう。正午、北野会長は秘書を伴って会議室に現れた。テーブルをはさんで北野会長と細貝が向き合う。北野会長が正式に不採用通告を切り出した。滑走タイムの差と操縦性の問題でシンガーを採用したという。ただし、下町プロジェクトとの協力関係は続けたいとも話した。

「下町ボブスレーも非常によくできたソリだと評価しています。でも、シンガーはその場でソリをバラバラにして組み直す。日本では誰もそんなことをやらなかったからびっくりしました。シンガー社は社長自ら現場に来て、ソリをチューンナップしてくれます。材料も素材から作り込んでいるし、やっぱり経験が違いますね。日本もいずれはそういったところからソリを研究しないといけないと思っています。下町さんの考えはいかがですか?」

細貝が切り返す。

「国際連盟のレギュレーションは材料の材質を厳しく指定していますから、成分を変えることはできません。それに、金属材料を作るところからやっていたら、製作費は数千万円、いや数億円レベルになります。シンガーも汎用の材料を使っていると思いますよ」

テスト結果が翻ることはなさそうだ。細貝が戦術を変える。

「シンガーのソリを研究させてもらえませんか?」

「シンガー社との協力関係を考えているので難しいですね」

「下町ボブスレーのテストに、日本人パイロットに協力してもらえますか?」

「一応検討しますが、ソリの構造まで理解して分解までできるパイロットは、まだ日本にはいませんね」

「……説明していただいたことを感謝します」

細貝が会談を切り上げようとした時、奥田が質問した。

「下町ボブスレーとの包括協力協定をどうお考えですか。どちらかの申し出がない限り自動更新する条文になっていますから、いまでも協力協定は生きているんですよ」

「こちらからやめるとは言いません」

細貝がまとめる。

「私たちとしては、今後も速いソリを作っていきます」

北野建設のビルを出ると、

「奥ちゃん、珍しく熱くなってたねえ（笑）」

と冷やかす、冷静な細貝と國廣だった。

翌11月18日、朝9時30分、日本連盟から正式な不採用通告文書が届く。本文には、次のように書かれていた。

「厳正な選考テストの結果、貴社のソリにつきましては、滑走タイム、滑走時の操作性、またチューンナップの汎用性等を勘案し、誠に残念ながら、ボブスレー日本代表チームが2018年冬季オリンピック平昌《ピョンチャン》大会を目指し今後の国際競技大会をはじめとする海外遠征で使用するソリとして採用しないことを決定しましたのでご通知いたします」

裏面の結果データは、初日のテストには触れておらず、2日目の6本の滑走タイムだけが記述されていた。日本連盟に問い合わせると、初日は下町ボブスレーの方が重い状態での準備作業と準備滑走である、ランナーは2セットともまったく同じものだ、との回答だった。

15時、大田区産業プラザPiO内のbiz BEACHで記者会見が始まった。

きょうの記者会見には、ゲストが来ていた。町工場が手製の喧嘩コマで競う「全日本製造業コマ大戦」のメンバーだ。横浜の町工場を中心に始まった全日本製造業コマ大戦は、大田区の下町ボブスレー、墨田区を中心とする深海探査機「江戸っ子1号」と並ぶ町工場プロジェクトとして注目されており、3つのプロジェクトのメンバーは互いに交流があった。下町ボブスレーのピンチを見たコマ大戦のリーダー・緑川賢司が署名活動を始め、日本連盟に下町ボブスレーの採用を嘆願する2252人の署名を事務局役の嶋直樹が重そうに運んできてくれた。

署名が山積みにされた会見席で、細貝がテストの経緯と結果、そして初日と2日目で大きく結果が異なったことを報告する。1カ月前の記者会見で「たぶん落ちる」と聞かされていた記者に驚きはなく、質疑応答では質問とも意見ともつかない同情的な発言が続いた。

翌日、多くのメディアは淡々と「不採用」の事実を伝える短い記事を書き、その末尾に「今後、下町ボブスレーでは海外チームにソリを売り込む」と加えた。少数派ながら応援タッチで大々的に取り上げてくれたメディアもあったが、ほとんどの読者は「2度も不採用通告を受けた下町ボブスレーは、もうだめだろう」と思ったに違いない。

しかし、下町メンバーは記者会見が終わると、「海外チームへの売り込み」という下町ボブスレー第3幕に向け走り出していた。

第4章 世界への挑戦

ジャマイカボブスレー連盟との正式契約が成立し、クリス・ストークス会長と細貝が握手。ジャマイカのスポーツ大臣が見守る（2016年7月6日）

1　海外チームへのオファー

ジャマイカ、オーストリア、ルーマニア

海外チームに下町ボブスレーを売り込む、と宣言したものの、具体的な案件があるわけではなかった。下町プロジェクトにあてがないのは見え見えで、プロジェクトをずっと追いかけてきたメディアでも、取材を一時休止するところがあった。日本連盟から2度目の不採用通告を受けた下町ボブスレーは「終わった」ように見えた。

しかし、下町メンバーは記者会見の翌日から、猛然と海外オファーの準備を始めていた。

下町ボブスレーはソチ五輪直前の２０１３－２０１４競技シーズンに2号機を投入したものの、当時の日本連盟から「検証する時間的余裕がない」と最初の不採用通告を受けた。その経験から、ピョンチャン五輪本番用のソリは1シーズン前の２０１６－２０１７競技シーズンには完成していなければならないことがわかっていた。そして、そのためにはいま、２０１５－２０１６競技シーズン中に下町ボブスレーを海外チームにテストしてもらい、ピョンチャン五輪採用の契約を結んでおく必要がある。日本連盟が今回の比較テストをシーズン開幕直後に実施し、即、不採用の結論を出してくれた

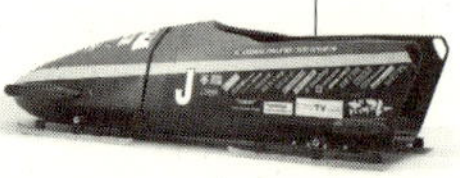

ことは不幸中の幸いだった。

それでも海外チームのテストのために残された時間は、長野スパイラルが滑走可能な来年1月末まで2カ月ちょっとしかない。海外チームへの売り込みもまた、下町ボブスレーお得意の「時間との戦い」だった。


「まずは、ジャマイカだよな」

映画「クール・ランニング」で世界的に有名なジャマイカ代表チームは、下町ボブスレーが組む相手として申し分ない。報道を通じて、ジャマイカが資金不足でソリ調達に苦労していることもわかっている。採用の可能性はあるように思えた。今年の春にはメンバーが在日ジャマイカ大使館を訪問し、大使が下町プロジェクトを評価してくれている。

「ハルトルさんが応援してくれるかもしれない」

元ドイツ代表ボブスレー選手のハルトルさんは、下町ボブスレーが最初の不採用通告を受けた直後、プロジェクト独自のテストのために来日し、ソリの潜在能力を評価してくれた。その後も、下町プロジェクトの海外テストに協力し、ドイツの自宅でソリを預かってくれている。

そのハルトルさんが、今シーズンからオーストリア代表チームの機材担当コーチに就任した。オーストリアチームにも売り込みのチャンスがある。

「ドラゴスさんのルーマニアはどう？」

先日のマテリアルチェックで来日した国際連盟・審査員のドラゴス氏は、下町ボブスレーのソリ作りを「グッドジョブ」と評価してくれた。国際連盟のなかでも最もベテランの審査員だというから、欧州のボブスレー界に詳しく、自身も自国のボブスレー代表選手だったというからルーマニア代表チームに影響力があるのではないか……。だんだん推測が多くなってくる。

さらに数カ国を検討するが、候補を挙げるほどに伝手《つて》が細くなる。有力候補でも、ジャマイカチームは在日ジャマイカ大使館で話をしてから半年以上経って何の返事もないという事実が、採用の難しさを示しているように思われた。オーストリアは欧州の強豪チームであり、すでに良いソリを持っている可能性が高い。ルーマニアの伝手は、いくらなんでも細すぎる。それでも、可能性があるならトライする。動かなければ、何も始まらない。

2015年11月24日夜、細貝、西村、國廣《くにひろ》、鈴木が大田区産業プラザP.iOに集まった。会議室で、数枚のおせんべいを分け合ってかじりながら話を進める。

「やっぱり、ジャマイカが第一候補だ。それからオーストリアとルーマニアをターゲットにしよう」

細貝の判断に誰も異論はない。オファーの内容に議論が移る。

「まず、ソリを無償提供する。これは確定」

「海外の選手は、自分好みのソリを作ってくれるメーカーを求めているようだから、カスタマイズに応じることも言った方がいいんじゃないですか」

「渡航費は下町で持つから長野スパイラルまでテストに来ませんか、と」

「長野は1月いっぱいしか使えないし、各国チームはもうシーズンに入っているからそれぞれのスケジュールを組んでますよね。北米でも欧州でも、2月でも3月でも、みなさんのキャンプ地に下町ボブスレーのソリとメカニックを送ります、というのも必要じゃないですか？」

「その代わり、テスト結果が良ければピョンチャン五輪でソリを使うことを最初から条件にしましょうよ」

下町メンバーはみな企業経営者であり、契約書の条件交渉には慣れている。この4年間、七転八倒しながらボブスレーの世界を勉強し知識も蓄えてきた。オファー文書の骨格は、意外にスムーズにまとまった。

「で、オファー文書をどこに送ればいいんだ？」

各国のボブスレー連盟会長宛てに送ればいいのだろうが、その連絡先がわからない。わからないことは、知っている人に遠慮なく聞くというのが、下町メンバーの基本姿勢だ。英語が使える國廣が、マテリアルチェックで来日した国際連盟事務局のレイク氏にメールで問い合わせることになった。

レイク氏はすぐ、国際連盟の公式ホームページに、各国連盟の連絡先リストがあると教えてくれた。さっそく確認する。

「Jamaica Bobsleigh Federation（ジャマイカボブスレー連盟）

President Dudley Stokes（会長　ダドリー・ストークス）」

末尾に担当者の電話番号とメールアドレスが載っていた。これはいい。

「Federatia Romana de Bob si Sanie
President Buta Gheorghe Sorin」

何語だかわからない。そんな読者のために、国際連盟は団体名の下に国旗をレイアウトしてくれていた。ルーマニアボブスレー連盟だと思われる。とにかくこの表記をコピペして送れば届くのだろう。ここまで来たら、イケイケドンドンだ。

オファーの骨格はすぐまとまったものの、町工場は本業では「受注する側」であり、自ら契約書を書き起こす経験は意外に少なかった。まして英文のオファー文書など誰も作ったことがない。まず、みんなが挙げたオファー内容を日本語の文書にまとめた。

①2018年ピョンチャン五輪で使用するソリを無償提供します。
②ピョンチャンに気候が近い日本・長野での2016年1月のテストに招待します。パイロット、ブレーカー、機材担当者の合計3人程度の渡航費・宿泊費などの遠征費用はプロジェクト側から提供し、日本滞在中は移動の案内などアテンドします。
③長野に来られない場合、みなさんのチームが2016年3月までに実施するトレーニングの遠征地へ我々のソリを搬送し、メカニックを派遣します。その運搬費用やメカニックの渡航費・宿

泊費などはプロジェクト側が負担します。
④2018年ピョンチャン五輪に向け、みなさんのチームの希望に対応し、ソリをカスタマイズします。その費用はプロジェクト側で負担します。

このオファー条件箇条書きの前と後ろに、下町ボブスレーの説明をつけた。

前半はプロジェクトの意義で、「日本を代表する工業都市・大田区で、中小企業が高度な技術を結集してボブスレーを作りました。日本の技術力と、みなさんの国の優秀なボブスレー選手が協力すれば、ピョンチャン五輪で良い成績を挙げられます」といった調子。

後半はソリの評価とこれまでの経緯で、「全日本選手権優勝、欧州シニアカップ9位で、国際連盟のマテリアルチェックでもグッドジョブとコメントをもらいました。残念ながら日本連盟が外国製ソリを採用したため、世界各国の代表チームにソリを提供します」と精一杯のアピール。

続けて、金をせびられるのではと警戒されるのを避けるため、スポンサー企業から多額の協賛金を集めている実績を加える。怪しい者ではないことをわかってもらうため、多数の報道実績を説明して日本国内で注目されていることも示した。

末尾に「12月中旬までに返事をください」とめちゃくちゃに短い締め切りを明記し、「言葉がわからないので返事はメールでお願いします」とはっきり付け加える。

大田区産業振興協会には、区内中小企業の海外展開をサポートするチームがある。このチームがオファー文書を手早く英訳してくれた。さらに、下町ボブスレー公式スポンサーの一社である伊藤忠商事に添削をお願いする。広報部の高田知幸部長と栗原章企画・制作室長がすぐに請け合ってくれ、英文ビジネス文書作成なら百戦錬磨の総合商社のなかでもネイティブの日本人社員が文書を細かくチェックし、美しい英文に直してくれた。

しかも、伊藤忠商事の栗原室長は貴重なアドバイスをくれた。

「話がうますぎて怪しまれると思いますよ。1000万円以上するソリを無償提供するうえに、テストの経費も全部持つんですからね。誰か地位のある方か公的な機関に推薦状を書いてもらうといいのでは」

なるほど。細貝らが相談して、大田区の松原忠義区長にお願いすることになった。

松原区長は下町ボブスレーのスタート直後からプロジェクトを応援してくれていた。普段は温厚な区長が不採用通告に顔をしかめ、海外へのオファーで協力できることがあればやるぞ、と言ってくれていた。

すぐに推薦状のたたき台を作り、英訳する。大田区本体の産業経済部長に相談すると、一緒に区長室へ行こうと言ってくれた。区長室で副区長に経緯を説明し、紹介状の文案を確認する。

「……英文のつづりが1カ所間違ってますね」

と産業経済部長が気づく。秘書課で区長のスケジュールを聞くと、5分後に外出し、これから数日はスケジュールが目一杯詰まっていると言う。奥田が秘書課で修正液を借りて超特急で文書を修正。

コピーを取ってきれいな推薦状用紙に仕上げ、区長の執務室にお邪魔する。区長はにこやかに「よし、がんばれ」と、達筆の毛筆で3通の推薦状にサインしてくれた。

外務省からも連絡が入った。

外務省本省に人物交流室という部署があり、スポーツや文化・芸術などを通じた民間の草の根外交を管轄している。下町ボブスレーの話を聞き、国際交流に大きな効果があると判断。オファー先3カ国の日本大使館に下町ボブスレーの話を伝えてくれることになった。

下町ボブスレーの海外オファーは、本当にたくさんの方々の応援を得て進められた。そして、2度目の不採用通告からわずか1カ月。12月16日に、英文のオファー文書と推薦状が完成し、ジャマイカ、オーストリア、ルーマニアのボブスレー連盟宛てに一斉に送信された。回答期限は当初予定の「12月中旬まで」から「12月末まで」に延長修正したが、上出来というものだろう。応援してくださる一人ひとりの連携プレーがなければ、下町ボブスレーは本当に終わっていたに違いない。

もっといいものを作りたい

海外オファーの準備と並行して、地道なソリ開発活動も継続された。日本連盟のドイツでの比較テスト直後の11月17日から20日には、不採用になった新3号機をオーストリア・インスブルックに運び、ハルトルさんの家で保管する2号機との比較テストを実施。シャフト（軸）に1度の傾斜角がある新3号機と、傾斜のない2号機の操縦性を比較するのが目的だった。

栗山のセッティングでテストしてくれたドイツ人パイロットからの報告書には、

「新3号機はステアリングシステムが変更され、2号機に比べ操縦感覚がダイレクトでレスポンスも良くなった。傾斜角は0・5度から1度程度が良いと思われる。ただし、ソリ前後の重量配分は現状で50対50になっているが、もっと後ろが重い方が良い。総合的には新3号機の加工はとても優れており、さらなる開発によって精度を高めてほしい」

と書かれていた。日本連盟のテストで不採用の理由のひとつに挙げられた新3号機の操縦特性が、ドイツ人パイロットには評価されている。やはり、パイロットによって好みの違いがあるようだった。また、シャフトの傾斜角は、2月に急遽《きゅうきょ》テストした4号機の「3・5度」は挙動が不自然だとされていたが、1度に抑えた新3号機は良好だという。基準として考えるべきシャフト傾斜角が見えてきた。ソリの前後重量バランスの改善は今後の課題だ。


11月30日、大田区産業プラザＰｉＯのｂｉｚ　ＢＥＡＣＨに大田区町工場30社が集まった。舟久保が、2度目の不採用通告の経緯を、新3号機・新5号機の製作に協力してくれた町工場に説明する。ソチ五輪に続き、ピョンチャン五輪も不採用。忙しい本業の合間に必死に部品を作ってくれた町工場が怒り出しても不思議はなかった。会場には重い空気が漂った。続いて細貝が、海外チームへのオファー戦略を説明する。ジャマイカ、オーストリア、ルーマニアの名前もオープンにした。

質疑応答。神代工業の女性経営者・皆方恵美子が手を挙げる。

「ソリ作りは、あれが最後になるんでしょうか？」

「来年の夏に五輪本番用のソリを作ります」

細貝は、もう部品製作を頼める状況ではないと考えていた。しかし、皆方の次の発言は予想しないものだった。

「悔しいので、もっと作らせてください。もっといいものを作りたい」

会場から「おおーっ」という声が上がる。細貝も表情を緩めた。

「ありがとうございます。もう頼める状況ではないので、俺一人でも作るぞ、と思っていたので感激です。製作担当の西村くんが大変なので、楽にしてあげようと思って『俺が作る』と言ったんだけど、西村くんは結局、またあの大変な工程管理をやっちゃうんだな」

西村が苦笑し、会場に笑いが広がる。もう一度やろう、という温かい雰囲気のなかで、説明会は終了した。

全日本ボブスレー選手権も近づいていた。ソチ五輪不採用通告後の全日本選手権では、脇田のケンケンスタートで準優勝してソリの性能を示した。ピョンチャン五輪に向け2度目の不採用通告を受けたいま、やはり全日本選手権に下町独自選手で挑戦し、存在感を示したい。熱血漢の脇田が「出る」と言ったが、日本連盟の強化部長が自ら出場するのはさすがにまずい。細貝が思いとどまらせる。

女子はチーム下町ボブスレーの浅津このみ選手がパイロットとして急成長していた。北海道ボブスレー連盟擁する女子のエース・押切麻李亜選手と外国製ソリの組み合わせに、下町ボブスレー・浅津選手で対抗することが考えられた。しかし、日本連盟の「代表候補チームは、全日本選手権にベストメンバーで臨む」との方針により、浅津選手は押切選手のブレーカー役を命じられた。パイロット押切・ブレーカー浅津のベストチームが外国製ソリで出場すれば、全日本選手権優勝は間違いなかった。

ソリの性能が優れていたとしても、エンジンに相当する選手が強くなければレースに勝てないことはわかっている。

「外国人選手を呼んじゃおうか?」

細貝の大胆なアイデアを受け、全日本選手権のルールブックを確認すると、国籍の制限はなかった。かつて脇田が欧州シニアカップに出場したように、外国人が全日本選手権に参加することは可能だった。

「でも、ドイツ人が全日本選手権で優勝しちゃったら、一生懸命練習してきた日本人選手がムッとするよな。将来的にはいろんな国の人が参加して全日本選手権が盛り上がるのはいいことかもしれないけど」

今年の全日本選手権に海外から選手を呼ぶのは、準備の時間的にも厳しかった。下町ボブスレーの2015－2016全日本選手権参戦計画は、これという決め手がなかった。

そんな状況で、男子の中村一裕選手が名乗りを上げた。今年2月の欧州遠征時に転倒し、生命の危機を経験した中村。言葉も通じない異国の病院で、一人緊急手術を受けた中村。普通の人間なら、時速120㎞で滑走する競技の現場には怖くて戻れない。

「任せてください。優勝しちゃいますよ！」

鉄人・中村は、心配する下町メンバーの前で明るく勝利を宣言し、森田翔平をブレーカーとして参戦することを決めた。使用するソリは、下町ボブスレー1号機。歴代モデルのなかで最もボディが大きく、大きな体格の中村でもコックピットに十分身体を収めるスペースがある。明るい中村の用心深いソリ選びに、事故の記憶がわずかに感じられた。

このほか、男子の徳永翔・柳谷怜兵チームに2号機、三上大輝・瀬間貴浩チームに新5号機を提供することが決まった。昨年と同じく、下町ボブスレーでは日本人選手に最新のソリを提供し、競技の底上げに協力することを目指した。

在ジャマイカ日本大使館

在ジャマイカ日本大使館は、ジャマイカの首都・キングストンのビルのなかにある。カリブ海に浮かぶ常夏の島国・ジャマイカは、国土面積が秋田県とほぼ同じ約1万1000平方㎞、人口は約27

0万人で、ほぼ同数のジャマイカ人が米国を中心とする海外で生活しているとされる。主な輸出産品は名産のブルーマウンテンコーヒーと、ボブ・マーリーで有名なレゲエ音楽。加えて、観光産業が外貨獲得の柱になっている。ものづくりなどの産業は集積しておらず、進出している日本企業はUCC上島珈琲と、発電事業を合弁企業で手がけている丸紅程度。日本人の間で知名度の高い国であるのは確かだが、実際の交流は限られていた。日本人にジャマイカのイメージを尋ねたら、レゲエや陸上競技のウサイン・ボルト選手などに続き、映画「クール・ランニング」が意外に上位にくるかもしれない。

そんな日本とジャマイカをつなぐ日本大使館のなかで、小山裕基参事官は一つひとつの小さな話を外交案件に仕立てるのが得意な男だった。外交の世界に「パブリック・ディプロマシー」という言葉がある。政府対政府の一般的な外交と異なり、民間とも連携した文化交流を通じて外国の国民に直接働きかける外交活動のことを指す。小山参事官は外務省本省から届いた連絡に目を通し、下町ボブスレーの海外オファーが「パブリック・ディプロマシー」として無限の可能性を秘めていることに注目した。

「これは、面白い」

大田区の町工場がボブスレーを作ったものの日本代表から不採用通告を受け、ジャマイカ、オーストリア、ルーマニアにオファーを出す——。初めて話を聞いた小山参事官でも、映画「クール・ランニング」のジャマイカボブスレーチームが有力候補であることはすぐ理解できた。

小山参事官は、ジャマイカボブスレー連盟（ジャマイカ連盟）のオフィスにさっそく電話をかけた。連盟の会長職は、最近兄のダドリー・ストークス氏から引き継いだクリス・ストークス氏が務めていることがわかった。

「会長はお母さんとパン屋さんで食事しています。明日からしばらく海外出張です」

「どこの店だかわかりますか?」

きょうは12月16日。1月中に長野で下町ボブスレーをテストしてもらうには、あまり時間はない。連盟事務局のスタッフに場所を聞いた小山参事官は、会長お気に入りのパン屋さんへ走った。いろいろな商店が入居する小さなビル。会長はパン屋さんでお母さんと談笑していた。小山参事官が聞くと、店員はすぐに「あの人がクリスよ」と指差す。映画「クール・ランニング」はジャマイカでも有名で、その物語のベースとなった1988年カルガリー五輪に参戦したジャマイカボブスレー選手のなかでも、手記を出版しているクリス・ストークス氏は有名人だった。

「ストークス会長! 日本大使館の小山と申します。お母さん、突然すみません。少しの間、息子さんをお借りします。日本のプロジェクトが、あなたがたにボブスレーのソリを提供するという話をもう聞いていらっしゃいますか?」

「ああ、とてもありがたいオファーで感謝します。実は日本にいるアリコック大使からも話は聞いていました。ぜひテストしたいですね」

即答だった。

「それなら、すぐに日本の下町ボブスレープロジェクトに返信してあげてください。明日から海外出張とうかがいました。絶対にきょう中に返信してあげてください」

下町メンバーが今年春に在日ジャマイカ大使館へ突撃したのは無駄ではなかった。そして、小山参事官のパン屋への飛び込みで、一気に話が動き出した。

12月17日、最初にメールを確認したのは細貝だった。まず外務省から「ジャマイカ連盟がテストに前向き」との情報が届き、追いかけるようにクリス・ストークス会長本人からのメールが届いた。こちらからオファー文書を送付した翌日に、いきなり返信が届いたことに目を丸くする。

細貝はすぐに國廣と奥田に電話。本業の会議中の二人は、全日本選手権の打ち合わせかな、と思いながら、会議終了後にコールバックする。

「電話に出られなくて、すみません」

「連絡、来たよ。ジャマイカは前向きで、4人乗りも作らないかと言ってる」

「えっ！　ジャマイカ決定ですか⁉」

「いい感じだね」

「うおー、電話だから握手できない！」

「ハグでしょ」

クリス・ストークス会長からの返信は、こんな内容だった。

親愛なる細貝様

本日、在ジャマイカ日本大使館の小山様にお会いしました。ジャマイカボブスレー連盟は、下町ボブスレーのテストを実施したく、満足できる結果であれば、そのソリをトレーニングや2018年冬季五輪を含む競技会で使うことにします。

スケジュールが合えば、2016年1月に長野を訪問します。男子パイロット、女子パイロット、ソリ技術担当者を送ります。

ジャマイカボブスレーチームに声をかけていただいたことに感謝します。私は次のステップに目を向けています。

クリス・ストークス

会長の返信は「次のステップ」を明記している。契約が成立する確度は高いように思われた。やはり活動資金の確保に苦労しているようで、下町ボブスレーが手がけている2人乗りソリ以外にジャマイカチームが得意とする4人乗りソリの製作も打診しているほか、日本国内でのスポンサー獲得でも協力したいとのことだった。ただし、すべては「下町ボブスレーのテストが、満足できる結果であれば」が前提条件となる。来日テストは、絶対に成功させなければならなかった。

クリス会長は来日テストの日程を、1月9日から21日の間で調整してほしいと書いていた。國廣が超特急でスケジュール調整に着手する。オファーの回答が翌日すぐに届いたのは、時差のおかげでもあった。日本とジャマイカの時差は14時間。日本の夕方までにメールを送ると、ジャマイカは朝を迎えたところ。ジャマイカ側が1日検討して夕方に返信すれば、日本の朝に回答が届く。話が早いのはいいのだが、一発で回答が決まるとは限らない。國廣は深夜3時にジャマイカからのメールをチェックし、ジャマイカが昼間の間に2度3度とメールをやり取りし、ほぼ24時間働く生活に突入した。

心苦しすぎる秘密

12月19日、晴れて暖かい長野スパイラルで、今年も全日本ボブスレー選手権の公式練習が始まった。この時点で、ジャマイカの話は下町メンバーのなかでも一部にしか知らされていなかった。ジャマイカが前向きな回答を送ってきたという話が広まればメディアの報道が先行し、まだ正式に採用を決めたわけではないジャマイカ連盟が不快に思うだろう。長野スパイラルにメディアが殺到すれば、静かにテストをすることもできない。下町メンバーに報告したいのは山々だったが、話は慎重に進める必要があった。

國廣は「心苦しすぎる」と言いながら、一人でジャマイカ連盟とやり取りし、来日メンバーやその居住地の確認、日程、航空券や宿舎の手配など調整を急ピッチで進めていた。ジャマイカチームの来日テスト実現には、もうひとつ課題があった。日本連盟から、ジャマイカチームのテストの間、長野スパイラルの使用許可を取り付ける必要があった。

全日本選手権の公式練習が進むなか、細貝と奥田は長野スパイラルの管理棟で日本連盟のスタッフを見つけ、笑顔でにじり寄る。

「な、なんですか」

と後ずさる日本連盟スタッフ。細貝が周囲に聞こえないよう小声で、

「実は海外チームにオファーを出したところ、来日テストが実現することになりました。1月にどうしてもコースを使いたいので、なんとかよろしくお願いします」

と依頼する。来日テストの準備は、着実に進んでいった。


12月20日、全日本ボブスレー選手権決勝。青空の下、雪山の景色が美しい。2度目の不採用通告を受けても、下町メンバーやスポンサー関係者が応援に集まった。スポンサーのダイトーコーポレーションは、応援を盛り上げようと、自社のゆるキャラ「つなぐちゃん」の着ぐるみを持ち込んだ。海上貨物輸送を手がける同社は、船を岸壁に固定するためにロープをくくりつける「ビット」をイメージして「つなぐちゃん」をキャラクター化。社員がなかに入って、滑る雪道をトコトコと歩いている。下町メンバーが一応、日本連盟の役員に報告に行くと、「ゆるキャラ?」と聞き返し、笑って許してくれた。

午前10時、競技が始まる。女子は日本連盟の方針で4人の代表候補パイロットのうち2人がブレーカーに回ったため、出場自体が2チームのみで、前評判通り押切・浅津チームが優勝した。混戦の男子は、ソチ五輪時の日本代表セカンドチームが外国製ソリでトップに立っていた。そこに中村選手が挑戦する。1本目の滑走は3位に食い込んだ。がんばれば、昨年同様の準優勝に手が届く。

下町メンバーはスタートハウスで応援する者、コース脇を歩いて下り、途中で滑走シーンを撮影しようとする者、ゴールハウスで待ち受ける者に分かれた。全日本選手権の観戦も回を重ね、一人ひとりが競技の楽しみ方を広げている。快晴の天気でコースを雪から守るシートが取り払われた。コースに落下物がないか確認する作業に時間がかかり、この間にほとんどの下町メンバーがゴールハウスまで下りてきた。ゴールハウスのモニターで中村・森田チームのスタートを見守る。下町ボブスレーの名誉を背負う中村の気合が伝わって来る。

中村・森田チームの2本目の滑走が始まった。順調にコーナーを抜け、加速していく——。しかし、後半にさしかかったところで、下町ボブスレー1号機が氷の壁にランナー（ソリの刃）を引っ掛けた。必死に立て直そうとする中村の努力もむなしく転倒する姿がモニターに映し出される。モニターを凝視していた下町メンバーから悲鳴が起きた。

長野スパイラルのコースは、ゴール前が上り坂になっている。転倒したままゴール近くまで坂を上がった中村のソリは、一度止まると、また逆方向へ滑り落ちていった。あまりに長く感じられた逆走の末、ソリが静かに止まる。

ドイツで生命の危機に直面した中村が、再び転倒した。下町メンバーはゴールハウスを飛び出し、遠く、コースのソリが停止したあたりを見つめた。クレーンが下町ボブスレーを吊《つ》り上げ、コースからどけている。

選手らしい影が動くのが見えた。下町メンバーは坂を下って、管理棟に駆け込んだ。10分ほどして、医師の診察を終えた中村が姿を現した。

「すみません。気合が入りすぎて、ハンドルから手が離れてしまいました」

中村が頭を掻《か》く。転倒しても元気で明るい中村がそこにいた。心配する下町メンバーの声に、

「大丈夫ですよ。練習でも何回も転倒してますから（笑）。下町ボブスレー1号機は丈夫ですよね。どこも傷んでいません」

「中村くん、無駄にドラマチック（笑）」

下町メンバーが笑っている。たとえジャマイカの採用が決まっても、がんばっている日本人ボブスレー選手の応援は、絶対に続けなければいけない。ジャマイカとの交渉にあたっている下町メンバーは、中村の笑顔を見て強く思った。

そして、全日本選手権が終了し、駐車場へとみなが下りてゆく。國廣が、

「あー、もう、申し訳なさすぎて、黙っていられない！」

とジャマイカの話をみんなに説明。12月25日に

ジャマイカチームと交渉が進むなか、全日本選手権では中村選手が下町ボブスレーのために戦う（2015年12月20日）

は、全日本選手権に来られなかったメンバーを含む全メンバーにジャマイカチームの来日テストを説明した。

「黙ってるなんて、水臭すぎる！」

と怒られる國廣と奥田だった。

2　クール・ランニング

来日準備

全日本ボブスレー選手権が12月20日に終わると、ジャマイカはクリスマス休暇、日本は年末年始の休みが目前。当然、本業もあわただしいなか、國廣を中心にジャマイカチームに来日テストしてもらうための準備が急ピッチで進められた。

ジャマイカから日本への移動は、遠いうえに直行便がなく、時差の関係もあって2日かかる。國廣と奥田は、まず約1週間の行程を「①羽田空港着で初日は夕食会のみ、②長野に移動してコースの下見とソリの調整に1日、③2~3日滑走テスト、④大田区に戻って記者会見、⑤翌日に帰国」と想定した。クリス・ストークス会長が指定した日程は1月9日から21日の間の1週間。この間、長野スパイラルは12日と18日が休みで使えないことがわかっている。採用決定の場合、記者会見は土日でなく平日に開きたい。以上の条件を考えると、ジャマイカ出発は1月12日（火）、長野スパイラルでの滑走テストが15日（金）・16日（土）・17日（日）で、記者会見を18日（月）に開くのがベストと思われた。

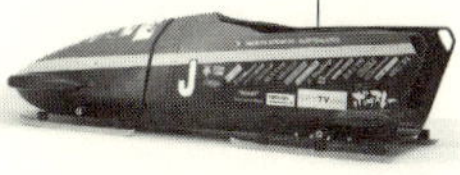

國廣がジャマイカへメールを送る。スケジュール案だけでなく、パスポートのコピーを送ってほしいこと、保険に加入してほしいこと、ソリ調整のための情報として選手の身長・体重・肩幅を知りたいことを伝えた。

ジャマイカからの返信を見ると、ジャマイカ連盟の会長はジャマイカ在住だが、選手は米国のソルトレイクシティでトレーニングしており、ジャマイカ国籍のメンバーと米国国籍のメンバーが混ざっている。出発地はばらばらで、コーチに至ってはジャマイカ周辺のタークス・カイコス諸島在住だった。

「カークスタイコス諸島？」

「違います。タークス・カイコス諸島」

「それ、どこです？」

「わかりません」

笑うに笑えない國廣と奥田だった。

旅行会社に連絡を取り、超特急で見積もりを依頼する。資金難の下町ボブスレープロジェクトは、常に相見積もりを取って安い方の旅行会社に発注している。旅行会社も超特急の作業にあわてたのか、「南アフリカ・キンバリー発着」の見積もりを提出してきた会社があった。

「ちがーう！　ジャマイカ・キングストン発着！」

と怒りながら笑う國廣と奥田だった。

ジャマイカ出発のクリス・ストークス会長とタークス・カイコス諸島出発のコーチは、所用のため

2日遅れて合流することになった。

日本入国にビザが必要なジャマイカ国籍メンバーのために、日本のビザ申請用紙を外務省のホームページからダウンロードし、招く側の下町ボブスレープロジェクトの概要や招へい理由を書き込み、ジャマイカへメール。

「空欄を埋めて、年明け一番で日本大使館へ提出してください！」

と依頼した。

バタバタしながら年を越し、2016年1月4日、仕事始めに航空券を手配する。ぎりぎりで来日ツアーの段取りを完了した。


しかし、米国ソルトレイクシティから選手団が出発する前日、1月11日の22時にクリス・ストークス会長から、

「北欧で会議がある。私とコーチは日本へ行けないかもしれない」

とメールがきた。

ここまできてのキャンセルに怒るべきなのか？　代理を頼んだとして航空券の手配は間に合うのか？　決定権者である会長が不在では来日中に下町ボブスレーの採用を決められないのではないか？ならば記者会見はできない？　さまざまな考えが駆け巡るが結論は出ない。

そのころジャマイカでは、日本大使館の小山参事官がクリス・ストークス会長にかけあっていた。

「下町ボブスレーのみなさんは、いい人ですよ。ものすごく一生懸命にジャマイカチームの来日を準

備してくれたんですよ。日本へ行ってあげてください」

小山参事官の説得で、会長は来日し、コーチだけがキャンセルすることになった。会長が搭乗する飛行機のEチケットをメールで送ったのは出発の1時間前だった。

文字通り眠れない日が続いた國廣が、

「ジャマイカチームは、本当に日本に現れるんですかね？」

とつぶやいた。

ジャマイカからの来訪者

2016年1月13日・水曜日。21時を回った羽田空港は、人の波が引き、レストランも航空会社のカウンターも店じまいが始まっている。唯一、国際線の到着ロビーには、海外からの友やビジネスパートナーを出迎える人たちがぱらぱらと集まっていた。

ジャマイカチームが乗っているはずのサンフランシスコ発の飛行機は、定刻より45分早く、22時ちょうどに羽田空港に着陸した。下町メンバーのうち、到着ロビーに早く着いた池田、大野、奥田がこの情報をフェイスブックでみんなに伝える。当初予定の集合時刻は22時30分になっていた。

「いま下町3人来てますけど、英語が話せる人がいません」

國廣とケィディケィ社長の佐藤武志から、のんきな返信メッセージが書き込まれる。

「レゲエの準備は？（笑）」

「ラジカセ持っていきます」

「いいから早く来て！」

「はーい」

　22時過ぎには下町メンバーがほぼそろった。到着客出口の前に張られたテープリールに沿って並び、手回しの良い者が準備した「Ms. Jazmine Fenlator」「Mr. Wayne Thomas」などジャマイカ選手・技術担当コーチ合計5人の名前を書いたプレートをメンバーに配っている。

「技術担当コーチのウェインさんのプレートは、メカニックの鈴木さんに持ってもらいましょう」

　國廣が仕切っている。

「え〜、英語話せないですよ〜」

「大丈夫ですよ、紙持ってるだけなんだから」

「じゃあ、誰でもいいじゃないですかあ」

「いいのいいの。私はこれにしましょう」

　と國廣は、唯一の女子選手のプレートを持つ。英語が話せる國廣、舟久保、黒坂の3人を中心に、10人以上の下町メンバーがジャマイカチームを待ち構えた。

　いつもの下町軍団であれば、夏ならボブスレーTシャツ、冬ならスポンサーであるデサント支給のボブスレージャケットを着込んでくるのだが、今夜は全員ばらばら。ある者は普段着、ある者はスーツ、ある者は作業着そのままで集まっている。事前にボブスレージャケット禁止令が出ていたためだ。

今回のジャマイカチーム来日テストは、極秘で実行している。メディアの報道が先行してジャマイカ連盟が気分を害したり、長野スパイラルに記者が殺到してテストができなくなるのを避けるためだ。そんななかで羽田空港に下町ボブスレーのロゴを背負った男が10人以上集まり、巨大な外国人選手を大歓迎していたらあまりに目立ちすぎる。

すでに報道を通じ、下町ボブスレーが日本連盟から2度目の不採用通告を受け、海外チームへの売り込みに活路を求めていることは公表されている。羽田空港の到着ロビーにそのニュースを知っている人がいれば、下町ボブスレーが海外チームを出迎えているのだとすぐわかるだろう。来日した選手がジャマイカの国旗かTシャツ、ジャマイカ連盟のネームが入ったトレーナーを身につけていれば、下町ボブスレーの相手が、あの映画「クール・ランニング」の主人公だとわかる。目撃者はスマホで写真を撮り、フェイスブックかツイッターに大ニュースをアップするに違いない。情報はすぐに拡散し、多くのメディアが長野スパイラルに駆けつけてくる恐れがあった。今夜の下町メンバーは、下町の「し」の字も出さず、観光に来た友達を迎えに来ましたよ、といった顔で並んでいる。

その列の後ろから、細貝がやってきた。下町ジャケットを着ている。

「ほ、ほ、ほそがいさん」

「なに?」

「下町ジャケット……」

「なに？」

「禁止です」

「なんで？」

「目立ちすぎてテストがばれるから禁止だって。連絡、全然読んでないんすか？」

「あ〜、ごめんごめん。でも長野スパイラルまで行けば、バレバレだしね。いいんじゃない？　のびのびやれば」


細貝を待っていたかのように、ジャマイカチームの面々がゲートから姿を現した。身体が大きい。聞くまでもなく、ジャマイカチーム一行であることはすぐわかった。爽《さわ》やかな笑顔の女子選手がジャズミンという以外、事前に見たパスポートの小さな写真だけでは誰が誰だかわからない。なかでもとびきり大きな男は、二の腕が日本人男子の太ももより太い。山ほど荷物を積んだカートを楽々と動かしている。

最前列に立つ國廣がハキハキした英語で声をかけた。

「ジャマイカのみなさんですよね？　ようこそようこそ！　いやあ、会えて嬉《うれ》しいなあ。きょうは下町ボブスレープロジェクトのみんなで迎えに来ましたからね」

と言っているのが、英語がわからないメンバーにも何となくわかる。事前に目星をつけておいたロビーの一角に移動し、國廣が細貝を紹介し、英語を話せる者も話せない者も「ナイスツーミーツユー！」とやっている。下町メンバーは、物怖じするということがない。

「Ｏｈ！　あなたがメカニックのスズキさんね！」

メールのやり取りで情報を得ていた女子選手が、微笑《ほほえ》む。隣で國廣が、

「好みのタイプですか？」

と笑わせている。ジャマイカ選手もみな明るく、わずか1カ月前にオファーを出してきた謎の日本人軍団との初対面だというのに、何か前から知っている友達に会ったような雰囲気だ。

「立ち話も何ですからね。ホテルへご案内しましょう」

國廣が先頭に立つ。空港併設のホテルは国内線出発ロビーの一番奥にある。国際線ターミナルから巡回バスに乗り、ターミナルを端から端まで移動する形だ。ロビーを出ると、何台かバスが止まっている。國廣は考えるより先に近くにいた女性スタッフにどのバスに乗ったらいいかを聞き、ちょうど出るところというバスにどどっと乗り込んだ。

バスは混雑していて、女子選手と國廣を中心に、ほかのジャマイカ選手と下町メンバーがつり革にぶら下がりながら会話をする。

「マイネームイズ　ヨシヒコ・クニヒロ。プリーズ（私の名前は國廣愛彦です。繰り返してみて）」

國廣がニコニコしながら女子選手に話しかける。

「ヨシイロ・クニイロ？」

「ノー！　ヨシヒコ・クニヒロ。プリーズ！」

「ヨシーロ・クニーロ？」

「ノー！　ヨシヒコ・クニヒロ。プリーズ！」

3回繰り返すと、女子選手がゲラゲラ笑い始めた。一気に場が和む。女子選手は「ジャズミンです」と名乗り、隣の男子選手が「俺はサーフ」と名乗る。

「サーフ？　波？」

「そう、サーフィンが趣味なんだ」

「お〜、僕もサーフィンやるんですよ」

と盛り上げる。誰とでもすぐに仲良くなってしまう國廣の話術は、特技というより神業に近かった。

輪の一番外側では佐藤が、長野から来たという家族連れに話しかけられていた。

「ジャマイカのスポーツ選手のみなさんですか？」

「……。えーと、はい、そうです」

嘘《うそ》をつくのは心苦しい。

「僕たち下町ボブスレーというのをやってまして、ジャマイカチームが採用テストに来てくれたんです」

「下町ボブスレーですか！　知ってます！　私たち長野に住んでいるので、応援しています」

「ただ、メディアが集まるとテストできなくなるので、内緒でやってるんです。誰にも言わないでいただけますか？」

「わかりました！　いい記念になりました。がんばってください！　誰にも言いません」

国内線ターミナルでバスを降り、ホテルへ向けてロビーを歩く。若い男性が下町メンバーとジャマイカチームの集団をスマホのカメラで撮影している。奥田が近づいて話しかけ、「誰か有名人なんでしょ?」と言う男性に、

「いえいえ、全然。アマチュアのスポーツ選手です。応援している会社のみんなで出迎えただけですよ」

と嘘ではない言い方でごまかす。情報は確実に広まり始めていた。

メディアの記者にも情報をつかむ者が出てきていた。ものづくり中小企業の取材に強い日刊工業新聞社の地元・南東京支局は、海外チームとの交渉の進展をつかもうと、細貝や國廣に食い下がっていた。追跡取材してきたNHKのディレクターは「ジャマイカだそうですね」とほぼすべてをつかんでおり、奥田が必死に時間稼ぎをしていた。細貝が言う通り、長野スパイラルでテストが始まれば、そこにいるたくさんの人が下町ボブスレーとジャマイカチームの関係を知る。状況は大いに盛り上がってきた。

深夜0時近く。長旅で疲れているジャマイカチームのホテルへのチェックインを手伝い、ホテルの前で下町メンバーとジャマイカチームの全員で記念撮影する。國廣が、

「本当に来ましたね」

とつぶやいた。

クラフトマンシップ

2016年1月14日・木曜日、朝8時、國廣と黒坂が羽田空港のホテルへジャマイカチームを迎えに行く。東京駅から長野新幹線で長野へ移動し、レンタカー2台に分乗して14時過ぎに長野スパイラルに到着。これとは別に、西村、鈴木、柏のソリ整備担当チームが朝から長野へ向かい、大田区から送った下町ボブスレー1号機を受け取り、格納庫に保管していた新型機と合わせて整備し、ジャマイカチームの到着を待ち受けた。

来日したジャマイカチームは5人。

女子パイロット　ジャズミン・フェンレイター
男子パイロット　セルドウィン・モーガン
男子ブレーカー　マレー・メイヤーズ
男子ブレーカー　サーフ・ビクトリアン
技術担当コーチ　ウェイン・トーマス

下町メンバーが事前に知っていたのは、選手の名前とボブスレー競技におけるポジションだけだった。来日したジャマイカチームと会話を重ねると、女子のジャズミン選手がリーダー格であることがわかった。

長野スパイラルに到着すると、ジャズミン選手とセルドウィン選手は滑走コースを歩いて確認する「コース・インスペクション」を始めた。ジャズミン選手がセルドウィン選手にコース取りの考え方をアドバイスしている。その姿を見た日本連盟の関係者が「なんでジャズミンがいるの？」と驚いている。國廣が聞くと、ジャズミン選手は強豪・米国チームの代表選手で、W杯で年間3位の実績を持つ有力選手だった。父がジャマイカ人で、昨シーズンに米国代表からジャマイカ代表に転籍したところだという。下町ボブスレーによく起こる出会いの偶然。「ジャズミンがいるジャマイカチームは、これまでのジャマイカチームとは別物」ということだった。前夜、羽田空港のバスのなかで國廣が「ヨシヒコ・クニヒロ・プリーズ！」とちょっかいを出した相手は、世界のボブスレー界の重要選手の一人だった。知らない、ということは恐ろしい。しかも、隣に立っていたサーフ・ビクトリアン選手も米国チームからの移籍選手で、ジャズミン選手とサーフ選手は夫婦であることが判明した。

男子パイロットのセルドウィン選手は、爽やかで好奇心が強く何事にも前向き。ブレーカーのマレー選手はおとなしい青年で、名前の頭文字にMが3つつくことから「トリプル」のニックネームで呼ばれていた。技術担当コーチのウェインは、身体は巨大だが優しい人で、下町メンバーは「ボブ・サップ」とあだ名をつけた。

コースの下見が終わると、ソリのセッティングが始まった。ジャズミン選手は自分が乗るソリを決めるにあたり、シャフトに傾斜をつけていると聞いて、下町ボブスレー新3号機を選択した。ジャズミン選手は米国代表としてBMWなど世界の先端ソリに乗っていた。細貝が思いついたシャフトの傾斜角は、世界でも採用されているアイデアのようだった。ジャズミン選手とセルドウィン選手の体格に合わせ、ソリの座席、フットレスト、ハンドルの位置を調整していく。好奇心の強いセルドウィンが下町ボブスレーをあちこちチェックし、「ここの作りはいい、あ、ここの部品もいいなあ」と話している。実際に滑走するまでわからないが、ジャマイカ選手の下町ボブスレーに対する初日の反応は悪くなかった。

翌1月15日・金曜日、ジャマイカ連盟のクリス・ストークス会長と妻のケイオン夫人が早朝5時、羽田空港に到着した。舟久保が出迎え、東京駅で大野と奥田が合流して長野まで案内する。

クリス・ストークス会長は、ジャマイカが１９８８年カルガリー冬季五輪に初めて挑戦した時のボブスレーチームのメンバーであり、すなわち映画「クール・ランニング」のモデルだった。引退後に『クール・ランニング物語――ジャマイカ・ボブスレーチームの軌跡（原題：COOL RUNNINGS AND BEYOND）』（日本放送出版協会）という本を出版している。下町プロジェクト・広報部会の大野が急いでこの本を読み、メンバー全員に本の趣旨を伝えていた。会長は著書のなかで、ジャマイカボブスレーチームは真剣に競技に取り組んでおり、映画のコメディタッチの登場人物とは違うことを強調している。映画が描く「挑戦の精神」は正しく、素晴らしい映画だとも言っているが、下町メンバーがジャマイカチームと接する際には気をつけなければいけない点に思われた。

もうひとつ、会長は新参者のジャマイカチームは当初、ボブスレー競技の先輩たちに冷たくされながら一つひとつ問題を解決し、「少しずつ学んでいった」と書いている。下町メンバーにとっては大いに共感する部分だった。ボブスレーとまったく関係がないところから挑戦を始めたジャマイカチームは、いま同じ道を歩いている下町ボブスレープロジェクトの大先輩であり、両者は相性が良さそうだった。

ケイオン夫人は、ファッションモデルと言っても通用する美しく賢い女性で、契約ごとの際には会長にアドバイスする秘書役でもあった。会長は海外出張には必ず夫人を同伴しており、今回も「妻の旅費は別に支払うから」と連れてきていた。

ジャマイカからの長旅を終えて早朝に羽田に到着後、すぐに長野へ移動するというハードスケジュールにもかかわらず、二人は爽やかな笑顔で下町メンバーに接し、会長は東京駅で買い込んだ駅弁を新幹線の車内で「これはうまい」と平らげた。長野駅に着くと、迎えに来た西村が運転するレンタカーで長野スパイラルへ向かった。その道中、奥田が靴のなかに入れる使い切りカイロをケイオン夫人にプレゼントして、

「ディスイズ・ジャパニーズハイテク（使い切りカイロは日本が誇る高度技術です、と言いたい）」

と怪しい英語で面白くない冗談を言い、大野は窓の外の畑を指差して、

「アップル・イズ・フェイマスフルーツ・イン・ナガノ（リンゴは長野県の特産物です、と言いたい）」

と一生懸命話しかける。そんな二人にケイオン夫人は優しい笑顔で接してくれた。

午前9時30分、会長夫妻が長野スパイラルに到着。いよいよ滑走テストが始まる。その場に居合わせた日本のボブスレー選手や関係者、コースの整備スタッフが、

「あのクール・ランニングのジャマイカチームだ……」

と目を丸くしている。

まずセルドウィン選手が、スタートハウスに立った。明るく冗談を飛ばしていたジャマイカ選手たちの表情は一変し、真剣な表情でボブスレーに取り組んでいる。同じく普段は冗談を言い合いながらものづくりの話になると表情が真面目になる下町メンバーと、ノリが共通に思われた。セルドウィン選手は、慎重に、静かにソリを押し出してスタートした。続いてジャズミン選手がスタートハウスに立つ。ジャズミン選手は初めてのコー

長野スパイラルで下町ボブスレーをテストするジャマイカチーム。ジャズミン選手はいきなりプッシュスタートで滑走（2016年1月15日）

ス、初めてのソリにもかかわらず、いきなりプッシュスタートで加速していった。

　ゴールハウスでは國廣が待機していた。滑走を終えた選手に話を聞き、すぐに携帯電話で山頂のスタートハウスにいる下町メンバーに連絡する。

「ソリは良いと言ってます！」

　下町メンバーが小さくガッツポーズを作った。

　セルドウィン選手はやる気満々で、午前だけで3本滑走。午後はセルドウィン選手、ジャズミン選手とも2本ずつ滑走した。滑走を待つ間、國廣と西村は、ゴールハウスの暖かい計量室で机に突っ伏して寝てしまった。やはり疲れている。それでもまたすぐに起き出し、ストークス会長が選手からソリの印象を聞いている様子を見守る。ジャズミン選手が、

「クラフトマンシップが素晴らしい」

　と言っている。

「こ、これは？」

長野スパイラルに到着したジャマイカチームは、初めて見る下町ボブスレーに興味津々（2016年1月14日）

下町メンバーが期待に胸をふくらませる。

滑走を終え、17時すぎに長野市内のホテルに戻った。19時にロビーに集合し、みんなで夕食に出かける。事前に調べた情報では、ジャマイカ人は食べ物に保守的で、好物はジャマイカのソウルフードであるジャークチキン。鶏肉を家庭ごとにこだわりのあるスパイシーなソースに漬け込み、炭火で焼いたものだ。刺身などの和食を無理に勧めない方が良い、とのアドバイスだった。しかし、ネットで調べても長野市内にジャマイカ料理の店はなかった。

「居酒屋に行こう。居酒屋なら何でもあるから好きなものを頼んでもらえばいい」

國廣が先導し、ホテル近くの雑居ビルの3階にある居酒屋へと階段を上る。席に着くと、ストークス会長が、

「Yoshi！（ヨシ＝くにひろ・よしひこ）」

と、さっそく決まった愛称で國廣をテーブルに呼んだ。

「2018年ピョンチャン五輪を一緒にやりたい。君たちのクラフトマンシップは素晴らしい」

やったーっ！と大宴会に突入したいところだが、細貝がいない。1月の町工場は忙しく、今回の長野でのテストでは下町メンバーは交代で現地入りし、期間を通してのフルアテンドは英語が話せる國廣、黒坂だけだった。まさか滑走初日で決まるとは思わないから、細貝はあす16日に合流することになっていた。両方の責任者がそろわなければ、協力関係の最終決定はできない。

國廣と黒坂は、ストークス会長と基本合意に向けた交渉を居酒屋のテーブルで開始した。会長が挙

げた要望は次のような内容だった。

①長野テスト終了後すぐに、米国・ソルトレイクシティにソリを3台送ってほしい
②米国でテストを続け、新型機への要望を固める
③競技シーズンが終わる3月末にメカニックの鈴木に米国に来てもらい、互いにチェックして新型機の仕様を決定する
④2016－2017競技シーズンまでに3台の新型ソリを作ってほしい
⑤五輪本番までに、その3台のソリを選手ごとにカスタマイズしてほしい
⑥ウエア類やヘルメットも提供してもらえないか
⑦ソリのフロント部分にジャマイカの国旗ステッカーを貼らせてほしい

ジャマイカの選手たちは、若鶏の唐揚げやサイコロステーキをうまそうに食べ、ビールを飲み、下町メンバーは怪しい英語で冗談を飛ばし、居酒屋のアルバイト店員は「この人たちは何者だろう？」と目を白黒させながら大量の注文に応えている。そんな大宴会から奥田が抜け出し、冷え込む繁華街の歩道から細貝に電話をかける。報告を聞いた細貝は、すぐに3台を送るのは難しいが2台は確実に送れるな、とつぶやき、あす会長と最終交渉に臨むことが決まった。電話を切る前に細貝は、國廣の奮闘を褒め、

「真面目にやってきたことが、やっと報われるな」

とつぶやいた。

基本合意

2016年1月16日・土曜日。選手や下町メンバーが長野スパイラルに行き、静かになったホテル。12時30分にストークス会長と細貝が、ホテル内の中華料理店で初めて顔を合わせた。ケイオン夫人、國廣、奥田が同席していた。

前夜に会長が挙げた要望事項をひとつずつ確認してゆく。今シーズン中に米国へ送るソリの台数には「2～3台」と幅を持たせることになった。ウエアはスポンサーのデサントに相談し、ヘルメットも新たな協賛企業を探せば何とかなる、と細貝は考えた。基本合意の障害になるような大きな課題はなかった。

ジャマイカ連盟と下町ボブスレープロジェクトの協力協定締結に向けた基本合意が成立した。

中華料理を食べながら、細貝がケイオン夫人に聞いた。

「お二人はどこで出会ったんですか？」

「ダブルブッキングのトラブルで、航空会社が用意した私の席が彼の隣だったんです」

「会長は仕事が早いんですね（笑）」

と会話が和んでいった。

5人で長野スパイラルへ移動する。NHKのクルーが取材に来ていた。ストークス会長と細貝が握手し、インタビューに対応する。NHKは夜7時のニュースで速報するといい、急いで帰っていった。ジャマイカ選手と下町メンバーも長野市内に戻り、居酒屋へ出動することになった。

奥田はホテルに残り、メディアへの発表準備を急いだ。当初予定では明日の日曜日まで滑走テストを行い、月曜日に大田区産業プラザで記者会見を行う予定だった。しかし、NHKが報道すれば問い合わせが殺到することは目に見えていた。ホテルにかけあって明日の日曜日に記者会見を行う部屋を予約し、基本合意の成立と緊急記者会見の開催を知らせる文面を作り、メディア各社の記者のアドレスリストを用意する。


19時20分、NHKが「下町ボブスレー、ジャマイカチームが採用」のニュースを流した。先ほど撮影したばかりの滑走テストの風景や、ストークス会長と細貝のコメントのほか、参考映像としてジャマイカの浜辺や映画「クール・ランニング」の話も紹介された。報道を確認した奥田が、各メディアへ用意した文書を一斉にメールする。夕食のカップ麺に湯を注ぐと、すぐに携帯電話が鳴った。最初から下町プロジェクトを追いかけてきた民放テレビの記者だった。NHKにスクープされてムッとしている。

「奥田さーん、いろいろ言いたいことはありますけど、まずはこれを言いましょう。おめでとうございます！」

携帯電話は次々と鳴り続けた。一段落してカップ麺を見ると、湯を吸ってのびきった麺がカップから盛り上がっている。奥田がズルズルと麺をすすっていると、國廣から呼び出しの電話が入った。居酒屋からホテルのバーに移動したから早く来いと言う。

静かなバーの大きなテーブルに、細貝、國廣、黒坂、鈴木とサーフ選手が集まっていた。居酒屋で大いに盛り上がるなかで、サーフ選手はひとつの日本語を覚えたらしい。

「エ・イ・エ・ン・ノ・ト・モ・ダ・チ!」

時計の針は0時を回っていた。

ボブスレーの神様

長野での緊急記者会見は、1月17日・日曜日の14時30分から、宿泊しているホテルの宴会場で開くことになった。國廣と奥田は朝から、ストークス夫妻と基本合意の覚書の文案を練った。下町プロジェクト側からは、前日の要望条件を検討しつつも、本格的な契約書作りの前に覚書は簡潔にまとめることを提案。①新型ソリを開発・製作して無償提供する、②ジャマイカ連盟はそのソリをピョンチャン五輪で採用する、③日本国内のスポンサー開拓での協力——の3本柱で構成する文案を示した。

ストークス会長は即座に「No」と言い、今シーズン中にソリを2~3台米国に送ることや、ウエアやヘルメットの提供まで明記することになった。自らの主張をはっきりさせることは、世界で仕事をするためには絶対に必要なのだろう。「4人乗りソリも作らないか?」というストークス会長の提案には、國廣が即座に「その余裕はない」と答える。覚書の骨格が決まった。

ジャマイカ選手と下町メンバーは、この日の午前中も長野スパイラルへ出かけた。ブレーカーのサーフ選手が初めてパイロットに挑戦し、チーム内の紅白戦で盛り上がっている。初めてソリを操縦したサーフ選手の滑走は、いきなり、全日本選手権で3位以内に入るタイムを記録した。やはり「エンジン」としてのジャマイカ選手の身体能力は、日本人選手をしのぐようだ。

記者会見には選手も出席させたい、とのストークス会長の意向で、昼前に全員で長野市内へ戻った。みなが昼食を食べに行っている間、國廣と舟久保、奥田がホテルに残り、覚書の英訳とニュースリリース作りを進めた。時間ぎりぎりにホテルのビジネスセンターでプリントアウトし、記者会見場に駆け込む。

日曜日でもあり、さすがに東京から来た記者は一人しかいなかった。長野に支局のある新聞社や通信社、地元のブロック紙やテレビ局から記者が集まる。ストークス会長は先ほどまでのスポーツウエアから一変、ビシッとスーツ姿で決めてきた。

14時30分、定刻通り記者会見が始まる。会見席には細貝、舟久保、ストークス会長、ジャズミン選手が並ぶ。会長とジャズミン選手の後ろに國廣が控え、日本語のやり取りを英訳して伝える。まず舟久保が経過を説明。続いて、ストークス会長と細貝があいさつし、記者の見ている前で覚書にサインした。下町ボブスレーに対する評価をストークス会長は、

「部品の加工精度が高く、ソリの基本性能が優れている。そして何より、我々の要望に応えてその場ですぐ改良してくれる対応力が素晴らしい。下町のクラフトマンシップは最高だ」

と説明した。大田区町工場の強みである高精度・高品質で短納期の顧客対応力を、クール・ランニ

ングのジャマイカチームが正確に指摘した。

長野最後の夜の居酒屋。明日からの仕事に備え、下町メンバーが途中で一人抜け、二人抜け、大田区へ帰っていく。そのなかで、これまで一滴も酒を飲まなかった技術担当コーチの「ボブ・サップ」が最後まで残る。物静かなウェインコーチが、ストークス会長に「絶対に下町ボブスレーと組むべきだ」と熱弁を振るってくれていたことがわかった。ウェインコーチは最後のカラオケスナックまで付き合った。巨体のコーチが店に入ると、夜7時のNHKニュースを見ていたママが、

「テレビに出ていたジャマイカのボブスレーチーム？　きゃー、サインして！」

と叫んだ。

翌1月18日・月曜日は、ボブスレーの神様のいたずらか、東京でも雪が降った。一足早く帰国したストークス会長を除くジャマイカチームが大田区に移動し、大田区産業プラザPiOで

ジャマイカチームの下町ボブスレー採用が決定。記者会見終了後のステージに全メンバーが上がりボブピースを決める（2016年1月18日）

当初予定の記者会見を開催した。すでに長野で会見を開いているにもかかわらず、10台ものテレビカメラがずらりと並ぶ。海外オファーの文書に推薦状を添えてくれた松原忠義大田区長、最初に本国へ下町ボブスレーの話を伝えてくれたジャマイカ大使館のリカルド・アリコック大使も駆けつけてくれた。前日の会見と同じように、あいさつと説明が続く。

通訳を務める國廣は、あれだけジャマイカ選手とスムーズに会話していたのに、しどろもどろになった。質問自体を英訳しながら、その答えを考える「脳内マルチタスク」は、プロの同時通訳者並みの高度な能力を求められる。客席で聞いていた黒坂が交代するが、やはり頭が真っ白になる。取材する側の通信社の記者が、「いまのはこういう意味ですよ」と助け船を出してくれる。失態といえば失態なのだが、体当たりで世界に挑戦する下町メンバーの姿に、メディアは好感を持ってくれたようだった。

下町ボブスレーの評価を聞かれたセルドウィン選手が「最高のソリだ」と太鼓判を押す。ジャズミン選手が引き取り、「可能性を感じさせるソリです」と付け加えた。BMW製のソリに乗っていたジャズミン選手にとって、下町ボブスレーはいまこの時点で世界最高のソリではないが、そこに到達するために必要なクラフトマンシップが下町プロジェクトにあるということか。現時点での小さなタイム差で下町ボブスレーを不採用にした日本連盟と、下町ボブスレーの技術力と可能性を評価したジャマイカ連盟。冷たい視線を浴びながら競技を続けてきたジャマイカボブスレーチームは、評価の定まったソリメーカーではなく、七転八倒しながらソリの改良を続ける下町ボブスレーを選択した。

翌日の各紙には、下町ボブスレーの大きな特集記事が踊り、記事だけでなくコラムなどでも「あきらめない下町ボブスレー」が取り上げられた。「終わった」ように見えた下町ボブスレーは、ジャマイカチームとともにピョンチャン五輪を目指す新たなステージへと進んだ。

3　ジャマイカへ行こう

世界各国からのオファー

ジャマイカチームが1月19日の深夜便で帰国すると、翌日から下町ボブスレーを発送する準備が始まった。ぼやぼやしていると競技シーズンが終わってしまう。まず、手元にある2号機と新3号機に下町プロジェクトが作ったランナーを2セットつけ、ウェイン・トーマス技術担当コーチを受取人として北米のジャマイカチームキャンプ地に輸出。翌週には長野スパイラルから戻ってきた1号機も、大田区内にある物流倉庫「醍醐倉庫」に預かってもらっていたコンテナに入れて輸出した。

それから2週間すると、ジャマイカチームのフェイスブックに、下町ボブスレーを前に満面の笑みを浮かべた選手たちの写真がアップされた。ジャマイカチームは自分たち専用のソリを手に入れて3月末のシーズンオフまで練習に専念し、この間の滑走データを元にピョンチャン五輪に向けた新型ソリの仕様を決めていく。

日本人選手の応援も継続した。浅津選手と川崎選手、中村選手の3人が欧州に飛んだ。下町ボブスレーを積んだバンを自分たちで運転し、欧州の滑走コースを回る。歌いながらバンを運転する3人の

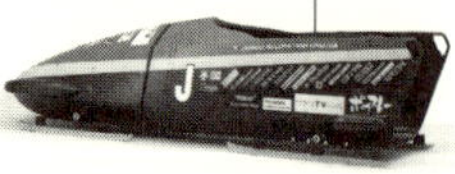

姿が、選手のフェイスブックに掲載された。

「なんだか、みんな楽しそうだなあ」

ジャマイカ選手、日本選手の笑顔を見て、下町メンバーも笑顔だった。


そんな下町ボブスレープロジェクトに、オファーを出した残りの2カ国、ルーマニアとオーストリアからも「ぜひテストしたい」との連絡が届いた。日本連盟から2度の不採用通告を受けて追い詰められていた下町メンバーは、オファーを出した3カ国すべてから「Ｙｅｓ」の回答が来ることなど考えもしなかった。それればかりか、ジャマイカチーム採用のニュースが伝わったのか、ほかにも2カ国から問い合わせがあり、うちひとつはボブスレー強豪国の幹部からのものだった。

ジャマイカとの基本合意は「独占契約」ではなく、他国との契約も認めるものになっている。日本代表チームへの提供の可能性を残すためだ。しかし、ソリを海外に送るには航空便を使っており、送り先が欧米なら往復で１５０万円近くかかる。ジャマイカチームと組んだことで、下町プロジェクトの必要経費は急速にふくらんでいた。


1月22日、下町プロジェクト幹部の間でメールが飛び交う。

「どうする？」

「これ以上ソリを作って送る資金の余裕はないよね」

「有料なら対応しますって返事する？」

「無償提供のオファーを出しておいてカネよこせじゃあ、サギだよな」

「製作や輸出入の段取りを考える事務処理も限界ですよ」

残念だが仕方がない。細貝は、断る決断を下した。お断りの文面を考える。


この度、ジャマイカボブスレー連盟が来日し、協議の結果、今シーズンからジャマイカ代表チームが下町ボブスレーを採用することで合意しました。これにより、大変申し訳ありませんが他の国へのソリの提供はできなくなりましたこと、ご理解賜りたく存じます。

チャンスをいただきながら、申し訳ありません。我々から貴連盟に対する今回のオファーは実現しませんでしたが、私たちは今後もみなさまと将来的に交流の機会を持ちたいと考えております。ありがとうございました。


こんな文面のレターを各国へ送った。

「なんだか、急に人気者になっちゃったね」

「希望通りのソリを作ってくれるというのは、魅力あるオファーなんだな」

浮気はしない。ジャマイカとピョンチャン五輪を目指すとともに、日本人選手を応援する。そう誓った下町メンバーだった。ところが、ルーマニアでは若い女子選手がソリがなくて困っているという。

「どうする？」

「ドイツに置いてある1台を当面貸してあげようよ」

「成長して五輪に出られるようになったら、下町を使ってくれるかもしれないしな」

困っている人を放っておけない下町メンバーであった。

広がる交流

ジャマイカの採用決定後は、メディアの取材依頼が増え、さまざまなイベントや企画も舞い込んだ。

英会話学校のECCからは、キャンペーン動画のモデルになりませんか、とのオファーが制作会社から持ち込まれた。英語を必要とする仕事をしているのに話せない人を6人選び、半年間、英会話学校で特訓して「ビフォー・アフター」の姿を同社のホームページにアップするのだという。50万円相当の受講料はタダ。ただし、毎週2回教室に通い真面目に勉強しなくてはならない。

「どうする?」

「英語、勉強したいよ」

「でも、時間取れないよね」

希望者は多いが、遠慮もあって、みなが立候補をためらうなか、周囲に背中を押されてケィディケィ社長の佐藤が手を挙げた。ケィディケィは樹脂部品の切削加工を手がけている。ボブスレーは樹脂部品をあまり使わないため、ソリ製作では出番が少なかったが、佐藤は会議や飲み会には必ず顔を出し、常に冗談を飛ばして場を盛り上げていた。ジャマイカ選手との飲み会で、思いついた最高の冗談を英語で言えないことが相当に残念だったらしい。中小企業経営者であるから決して暇ではない佐藤の、週2回の教室通いが始まった。

2月12日には、区内の小学校でジャマイカ大使館の外交官による出前授業が行われた。

大田区立おなづか小学校は、ＪＲ蒲田駅から歩いて14分。住宅の間に町工場がはさまる、典型的な大田区の町並みのなかにある。女性の校長先生はかねて下町ボブスレーを応援してくれていて、生徒による応援の寄せ書きなども作っていた。今回は、ジャマイカチームによる下町ボブスレー採用を聞いた校長先生が、直接、在日ジャマイカ大使館に電話をかけ、一等書記官による出前授業を実現させていた。

13時過ぎ、ジャマイカ大使館の一等書記官が通訳とともに到着する。一等書記官は体の大きな元気な女性だった。迎える校長先生も黄色の和服姿で元気一杯。これまた元気一杯な子供たちが、まず折り紙や書道、歌や踊りで日本の文化を紹介する。一等書記官はニコニコしながら子供たちを見つめている。続いて、一等書記官が教壇に立った。

「みなさんこんにちは。これからジャマイカに関するクイズを出します。わかった人は手を挙げてください」

教室の児童たちをにこやかに見渡す。第1問。

「ジャマイカの面積は1万１０００平方㎞。これは日本のどの県と同じでしょう？　ヒントは、Ａで始まってAで終わる県です」

　難しい問題に、子供たちの手が遠慮がちに挙がる。

「はい、ではそこのあなた」

「秋田県です」

「正解！　よくできました。プレゼントがあります」

　正解した児童には、小さなジャマイカグッズがプレゼントされた。「いいなあ〜」と声が上がり、クイズが出されるたびに手を挙げる児童が増えていく。日本・大田区とジャマイカの草の根交流は、楽しい雰囲気で進んでいった。


　一方、在ジャマイカ日本大使館からは、1月29日に中野正則大使、3月17日には小山裕基参事官が、一時帰国に合わせ大田区を訪ねてくれた。

　細貝と國廣が大田区産業プラザP:iOで二人を迎え、下町ボブスレーのジャマイカチーム採用を陰で支えてくれた二人に心からお礼を言う。二人も大いに喜び、これから下町ボブスレーが日本とジャマイカの交流促進に果たす役割に期待していた。下町メンバーにぜひ一度、ジャマイカに来てほしいという。細貝も長野での基本合意を受け、次の正式契約の調印はジャマイカで行いたいと考えていた。下町プロジェクトのジャマイカ訪問ツアーが決定した。

ジャマイカ訪問の前に

5月9日夜、大田区産業プラザP・iOで開いた定例会で、下町ボブスレーネットワークプロジェクト推進委員会・3代目委員長の人事案が細貝から示された。委員長の仕事は負担が大きく、本業の企業経営との両立は難しい。初代の細貝が2年務めたのにならい、2代目委員長の舟久保利和も日本連盟からの2度目の不採用通告を乗り越えてジャマイカチーム採用が決定したのを機に、交代することとなった。

3代目委員長は、國廣愛彦。選手・連盟担当としてジャマイカとの交渉で活躍した國廣の委員長就任に異を唱える者はいなかった。ジャマイカ連盟との正式契約に向け、細貝、國廣、奥田のジャマイカ行きが決まった。

ジャマイカ行きの前に、まず契約書のたたき台を作る必要があった。採用テストを呼びかけるオファー文書作りだけでも苦労したのに、契約書となればソリの知的所有権の所属など難しい条項が並ぶ。しかも英文だ。町工場の手には負えない。

そのサポートに手を挙げてくれたのは、スポンサーである東芝の元役員、志村安弘氏だった。現役時代、電子部品の営業を統括していた志村氏は、契約書作成時に付き合いのあった法務部門の若いスタッフ、宮林紗矢佳さんに声をかけ、二人がボランティアで契約書作りをサポートしてくれることになった。

長野での基本合意では、ソリ3台の開発・製作と、ウエア・ヘルメットの提供、スポンサー開拓での協力を明示している。これを元に、まず細貝と國廣が、契約書に必要と思われる条項を書き出していった。

ソリ作りでは、下町プロジェクトによる開発・製作ノウハウに加え、ジャマイカチームの要望やアイデア、さらにジャマイカ側技術者のアドバイスが盛り込まれることになっている。完成したソリの知的所有権は、それぞれのノウハウ部分を尊重し、互いに守秘義務を設定する必要がある。また、ソリ3台を無償提供することは決まっており、これをより詳しく規定する。いつ・どこにソリを納入するかを明記し、最初の目的地までの往復の輸送費は下町プロジェクトが負担し、競技シーズン中の転戦費用はジャマイカ側が負担する案とした。

2016-2017競技シーズンに投入した3台のソリは、シーズン後にジャマイカチームの要望を元にピョンチャン五輪本番用にカスタマイズすることになっている。その費用は下町側で持つが、シーズン中の細かい修理やメンテナンスはジャマイカ連盟の責任とする。

スポンサー関連では、ジャマイカ連盟が日本のスポンサーを開拓するのに協力する一方で、下町スポンサーの競合企業と契約しないよう、事前協議を義務にした。下町側が無償提供するソリやウエアへのジャマイカ側スポンサーのロゴ表示にも制限を設ける。

もうひとつ、ピョンチャン五輪で下町ボブスレーを使うことを明記し、使わない場合のペナルティを設ける。日本連盟と協力協定を結びながら不採用となった反省を、契約書に反映する。

5月11日夜、志村氏、宮林さんと、細貝、國廣、奥田の最初の会議がマテリアルの会議室で開かれた。下町側が考える条項を一通り聞いた宮林さんが提案する。

「ジャマイカが降りた場合のペナルティだけでなく、下町が撤退した場合にどうするかも書く必要がありますね」

「え、下町がやめることはないと思いますけど」

「不可抗力でできなくなることはあり得ます。一生懸命やっているみなさんを万一の場合から守るのが法務の仕事です」

「プロですねえ」

ソリの知的所有権は、下町側とジャマイカ側で互いの主張がぶつかることが予想された。互いのオリジナルの部分は認める方向ですかかね、と聞く3人に志村氏が言う。

「高価なソリを無償で提供するのだから、下町はスポンサーとして強い立場にある。まずは、知的所有権はすべて下町にあると主張するべきです」

「はあ、そういうものですか」

法務のプロである宮林さんが契約書案をまとめ、何回かの打ち合わせで下町側の要望を追加してゆく。英訳も宮林さんがやってくれることになった。

ジャマイカ訪問の日程は6月30日出発・7月7日帰国と決まった。このころには、ジャマイカとの交流はさらなる広がりを見せていた。5月28・29日には、在日ジャマイカ大使館からのお誘いを受け、レゲエ音楽のフェスティバル会場に下町ボブスレーを展示した。

屋外のイベント会場には大音量でボブ・マーリーの名曲「One Love」が鳴り響き、夏を思わせる太陽の下、来場者はジャマイカを代表するビール「レッドストライプ」を飲みながら、炭火で焼いたジャークチキンをかじっている。國廣と奥田は、ジャマイカ訪問時に着ていくそろいのTシャツを細貝の分まで買い込んだ。

大使館のブースにも大きなスピーカーが据えられ、外交官が踊っていた。来場者が集まり、大使館ブースの前に大きな輪ができた。来場者の多くはジャマイカ国旗の黒、黄色、緑のカラーを生かしたファッションに身を包み、ドレッドヘアーの強者もいる。

「なんで町工場がレゲエフェスに出展しているんでしょうね（笑）」

集まった下町メンバーは、下町プロジェクトの予想を超える展開を楽しみ、大音量のレゲエ音楽のなかでステップを踏んでいた。

ジャマイカ連盟との契約書案は、現地を訪問する前に送り、できれば出発前に大筋で合意しておきたい。しかし、検討項目は膨大だった。しかも法務部に所属する宮林さんは、本業で忙殺されていた。6月13日夜、再度打ち合わせが行われた。宮林さんは、

「楽しくやってます。16日までに英訳して20日に最終決定しましょう」

と笑顔を見せたが、大変な負担をかけていることは明らかだった。6月20日、映画化の権利などの新項目を再検討する。日本での映画化権は下町、ジャマイカでの映画化権はジャマイカにあり、その他は相談する、との案だが、宮林さんは、

「法的には『日本での』という表現はあいまいです。『日本企業による映画化は』でいいですか?」

とアドバイスしてくれた。最終案がまとまり、あとは英訳作業だ。

しかし、宮林さんから28日には送りますとメールがきたものの、28日には届かず、ジャマイカ出発前日の6月29日になった。奥田から志村氏に電話する。

「宮林さん、大丈夫でしょうか? 何かあったんじゃないでしょうか」

「昼までに連絡がなければ、オフィスに電話してみましょう」

そんなやり取りをしているところに、宮林さんから契約書の日本語版と英語版がメールで届いた。遅くなってごめんなさい、と恐縮している。睡眠不足でめまいを起こし、転んで足を捻挫して病院へ行っていたらしい。恐縮するのは、下町プロジェクトの側だった。

ジャマイカにて

2016年6月30日19時、細貝、國廣、奥田の3人がジャマイカの首都・キングストンのノーマン・マンレー空港に降り立った。朝9時に成田空港に集合してから、時差を考えるとちょうど24時間経っている。スポンサーの全日空に提供してもらった航空券でニューヨークへ飛び、そこから経費を抑えるために國廣がネット予約した格安航空機に乗り継いできた。お尻が痛い。

日は暮れているが、蒸し暑い南国の空港。周囲の様子は暗くてよくわからない。日本大使館の小山参事官が迎えに来てくれていた。大使館のバンで、海沿いと思われる道を30分ほど走り、キングストン市内へ移動する。國廣がネット予約したホテルは、チェックインした客に1本ずつ、地元のビール・レッドストライプをプレゼントしてくれた。ビールを手に玄関前のベンチに集まる。細貝が柵の外の町並みを見つめ、

「まさかジャマイカに来ることになるとは思わなかった」

とつぶやき、國廣が、

「なんだかんだで、とうとう来ちゃいましたね」

と相槌《あいづち》を打つ。

レストランに移動し、食事をしながらスケジュールを確認する。小山参事官は、日本とジャマイカの交流促進のため、日本からの訪問客を徹底的にアテンドする外交官だった。

今回の目的は、①ジャマイカ連盟との正式契約締結、②ジャマイカ国内で下町ボブスレープロジェクトを周知し世論を味方につける、③ジャマイカ政府やジャマイカオリンピック委員会への協力要請、④ジャマイカ連盟のクリス・ストークス会長との個人的な信頼関係の構築——といったところ

で、1週間の滞在中にぎっしりとスケジュールが組まれている。間に土日をはさむが、この休日にもストークス会長が参加したくなるイベントを組み、下町3人組と会話する機会を設けてくれていた。

「予定にはありませんでしたが、ちょうど明日の夜、リオ五輪のジャマイカ代表を決める陸上競技大会がありますから見に行きましょう。スポーツ大臣とも話せるかもしれません」

「お～、生ボルトが見られるなんて幸せ」

「映画クール・ランニングは陸上の代表選考大会のシーンから始まって、転んで五輪出場を逃した選手がボブスレー競技での出場を目指すんですよね」

「ちょうどその大会にぶつかるんだから、下町ボブスレーはやっぱり何か持ってるよな」

部屋へ戻り、シャワーを浴びて、通信回線をチェックすると、0時を回っていた。かれこれ30時間以上行動していた3人は、ばったりとベッドに倒れこんだ。


7月1日、細貝と奥田は6時に目覚めてホテルの朝食バイキングをむしゃむしゃと平らげ、若い國廣は睡眠を優先している。10時30分、キングストン市内のビジネス街にある日本大使館を訪問。ビジネス街といっても高いビルはあまりなく、道の両側には自動車のディーラーや飲食店・商店が並んでいる。空は青く、強烈な太陽が輝く。

地下駐車場からビルの6階にある日本大使館へ移動し、厳重なセキュリティを通る。小山参事官の執務室で打ち合わせをしていると、すぐにジャマイカ連盟のクリス・ストークス会長がやってきた。

日本大使館・中野大使の部屋へ移り、日本から持ってきたボブスレーTシャツを大使とストークス会長に手渡す。このTシャツは、大田区の日本工学院専門学校の学生がデザインし、コンテストの上位作品をスポンサーのデサントが限定生産してくれたものだった。黒地の生地にボブスレーに見立てたジャマイカの国土と、ジャマイカ国旗柄のヘルメットが2つ描かれている。

昼食をはさんで、契約書の検討が進められた。ストークス会長が契約書案の文字を目で追い、時折、鉛筆で書き込みをしている。

「ピョンチャン五輪後にすぐソリを日本に戻すことになっているが、我々としては次の北京五輪でもソリを使いたい」

ジャマイカ連盟は長期的なパートナーシップを希望した。ピョンチャン五輪後の日本でのメディア対応にソリが必要だが、引き続きジャマイカチームにもソリを残すことになった。

「ジャマイカ側のスポンサー交渉は、事前に下町に報告することになっているが、レッドストライプがきょうスポンサー交渉したいと突然言って来たら、事前報告している時間はない」

「もっともな話だ。事前に互いのスポンサーリストを提出し合い、競合企業とは契約しないことにしよう」

細貝が即答し、國廣が通訳する。

「ピョンチャン五輪で下町ボブスレーを使わなかった場合のペナルティ条項は大変な金額だが、なぜ開発費の4倍と決めたのか?」

「我々はソリの開発と製作に大変な時間と手間をかけているんですよ」

「なるほど。じゃあ、金額はいいとして、ペナルティの対象に『信頼関係を破綻させる行為があった時』というのはやめてほしい。Yoshiが『クリスは気に食わん』と言っただけで、大金を取られるのはゴメンだ（笑）」

ジャマイカ連盟にとって、下町ボブスレーを使わないという可能性はないようだった。時折冗談をはさみ、友好的なムードのなかにも冷静に条項を確認する作業が続いた。

「ソリの知的所有権は、こちらの技術者のノウハウ部分はジャマイカ側に帰属するべきだ」

やはり来た。本当にジャマイカ側の重要なアイデアを形にした部分なら、知的財産を持ってもらってもいい。しかし、重要かどうかを判断する基準を契約書の文字に落とし込むのが難しい。議論が膠《こう》着《ちゃく》した。

細貝、國廣、奥田が相談し、横で見ている小山参事官がアイデアを授ける。

「ジャマイカ側の重要なアイデアについては、『下町側から異議を申し立てない』と加える形でどうですか？」

國廣の提案に、ストークス会長が「ＯＫ」と応じた。下町側から異議を申し立てないということは、まずジャマイカ側が「重要なアイデアである」ことを立証することになる。ジャマイカ側が立証責任を持つ形で知的財産を分割する道を作った。

15時30分、下町ボブスレーとジャマイカ連盟の契約書がついにまとまった。17時までかけて、國廣が英語版、奥田が日本語版の新たな契約書を完成させ、確認のためストークス会長にメールで送った。

大使館のバンに乗り、ジャマイカ国立競技場へ移動する。クルマを降りると、スタジアムへ続く道の両側には屋台が並び、そのほとんどがドラム缶を半分に割ったバーベキューグリルでジャークチキンを焼いている。鶏肉が焼けるスパイシーな煙が、ジャマイカにいることを実感させる。

ジャマイカ国立競技場は、古いが堂々たる作りで、仕事を終えたジャマイカの人々がスタンドに押しかけていた。映画「クール・ランニング」では空き地のようなところで代表選考戦をしているが、実際のスタジアムは日本の国立競技場と同クラスの立派な施設だった。陸上王国・ジャマイカにとって、陸上競技は国技のようなものなのだろう。

「クール・ランニングのオープニングの現場にいると思うと、不思議な気持ちですね」

「ここで転んだ選手がボブスレーに転向するんですよね」

「ウサイン・ボルトが転んだりして（笑）」

「そういう不謹慎なことを言ってはいけないね（笑）」

日本人にはよくわからないが、各種目に人気選手がいるらしい。ストークス会長夫妻をはじめ観客全員が、競技が終わるたびに一喜一憂している。

男子100mセミファイナルが始まった。ウオーッという大声援から、スタート前には数万人が固唾《かたず》を呑《の》む静けさに変わる。バーン！という号砲とともに選手が弾かれたようにスタートし、加速していく。ボルト選手の加速は素人目にもほかの選手を圧倒しており、後半は流して走りながらも10秒04で堂々の1位。スタジアムが沸き上がる。

ほかの競技の決勝が続き、メインイベントである男子１００ｍのファイナルは大会の最後に用意されていた。選手の名前が順番にアナウンスされる。ところが、ボルト選手の名前がない。スタジアムがどよめいた。

「ボルト選手は、怪我で棄権したらしい」

ラジオから仕入れた情報が、観客席を駆け巡る。細貝、國廣、奥田が視線を合わせる。

（ボルトがボブスレーに転向!?）

（ばか、そんなこと言ったら周りの観客に袋叩《だた》きにされるぞ）

（喜ぶな、悲しい顔をしろ）

声に出さず、心のなかでそんな会話をする3人は、口元が微妙に笑っていた。

幸い、ボルト選手はその後の欧州での大会で復活し、リオ五輪で大活躍する。

7月2日と3日の土日は、休日の余暇を使ってストークス夫妻と下町メンバーが信頼関係を築くイベントが用意された。余暇といっても、２日（土）午前のＵＣＣ上島珈琲の農園見学は、ジャマイカに進出した数少ない日本企業の一社である上島珈琲の活動を勉強するというもの。午後は山のなかの国立公園を訪問し、レストランでストークス会長と今後のスケジュールについての意見交換が行われた。

3日（日）は1日かけてカリブ海に浮かぶ小さな島へ出かけた。大使館やJICA《ジャイカ》（国際協力機構）のボランティアスタッフなど日本人グループで小船をチャーターし、ロブスターや角のないジャマイカサザエを獲《と》る。獲物は炊き込みご飯や海老しんじょうに料理し、夕食までストークス夫妻と一緒に過ごした。


7月4日、朝7時にホテルを出発し、テレビジャマイカのスタジオに入る。朝の情報番組「スマイル・ジャマイカ」に生出演し、下町ボブスレーをジャマイカの人々に知ってもらおうという作戦だ。

小さな控え室には、この日の番組にゲスト出演するダンスの先生やマンゴーの飾り切り職人がソファーに並んでいる。打ち合わせは特になく、このまま生放送に突入するらしい。のどかなテレビ局だった。出演する細貝とストークス会長がメイク室でファンデーションを塗られている。控え室にある小さなモニターテレビでは、さっきまで隣に座っていた職人がマンゴーにナイフを入れ、見事な花の形を彫り上げている。飾り切りに挑戦した男性キャスターの作品はぼてぼてで、ごまかそうとマンゴーをほおばって笑いを取っている。

下町ボブスレーの出番は、きょうの番組の大トリだった。スタジオのソファーにストークス会長、細貝、小山参事官が並んで座り、女性キャスターがインタビューする。ジャマイカでは女性がしっかり者で、男性はちゃらんぽらんのボケ役、というのがパターンらしい。

出番のない男性キャスターと國廣がスタジオの袖で、世間話を始めた。

「そのTシャツは何だい？」

「ボブスレーを作って、ストークス会長にプレゼントするんです。ジャパンクオリティですよ」

「ジャパニーズ？　ゲンキデスカ？」

「元気です。ハウアバウチュー？（あなたは元気ですか？）」

「ゲンキデス」

「オー、アイキャンシー・マンゴーヒア」

國廣がニッと見せた歯を指差すと、男性キャスターと隣にいたカメラマンが笑い転げた。スタジオにいる全員が「どうしたの？　何て言ったの？」と聞いてくる。

「こいつが『歯にマンゴーがはさまってるよ』って言うんだ」

スタジオ中が爆笑した。

放送が始まる。女性キャスターが下町プロジェクトを始めた理由を尋ね、なぜ日本代表は使わないのか、と鋭い質問を投げる。日本でたくさんのメディア取材を受けている細貝は、まったく動じることなくプロジェクトをアピール。ストークス会長は、日本のものづくりの素晴らしさを強調してくれた。下町ボブスレープロジェクトが、ジャマイカの電波に乗って広がってゆく。

無事インタビューが終わり、CMの間にエンディングのセット準備が始まった。男性キャスターが國廣を手招きする。CMが終わり、エンドロールの端にスタジオの様子が映る。國廣は着ていたボブスレーTシャツを突然脱ぎ、上半身ハダカで女性キャスターにTシャツをプレゼントした。不意を突かれた真面目な女性キャスターは、恥ずかしそうに手で顔を隠しながら笑いすぎて崩れ落ち、隣で男性キャスターが手を叩いて喜んでいる。國廣の笑顔が電波に乗ってジャマイカ中に広がっていった。

テレビ局から郊外のGCフォスター大学へ向かうバンのなかで、細貝が國廣を絶賛する。

「裸一貫がんばります！って感じを印象付けたよな（笑）。あれができるのはすごいよ」

「準備するとだめなんです。こういう飛び入りはできるんですよね」

「下町ボブスレーはいつも臨機応変だよな。ノービジョン・ノープラン」

「あ〜、言っちゃった。ノービジョン・ノープラン（笑）」

「違う、違う（笑）。ビジョンはある。プランが臨機応変（笑）」

ジャマイカの朝のテレビ番組に生出演。國廣は女性キャスターに下町ボブスレーTシャツをプレゼント（2016年7月4日）

「それが中小企業の強みですよね」

お昼の買い出しにパン屋さんに寄ると、ジャマイカ人のおじさんが國廣に近づいてきた。

「見たぞ。テレビ」

と言い、かっかっかっと笑う。下町ボブスレーは、ジャマイカの人々に好感を持って迎えてもらえたようだ。

キングストン市内を抜けると、舗装された国道の両側には赤い土と南国の森が広がる。時折、道端でパラソルをさした屋台が飲み物や食べ物を売っている。小さな踏切で、バンが一時停止した。秋田県と同じ面積のジャマイカに、いま鉄道はない。

「昔、ボーキサイトが重要な輸出産品だったころ、掘り出したボーキサイトを運ぶために作られた鉄道の跡です」

小山参事官が解説する。草のなかに延びる赤く錆《さ》びた鉄路を人々がゆっくり歩いている。資源を掘り尽くしたジャマイカは、経済的に豊かな国ではない。しかし、時間はゆっくりと流れ、人々はたくましく暮らしていた。

再び小さな町が現れ、ジャマイカの日本体育大学に相当するGCフォスター大学に到着した。陸上王国・ジャマイカの有力選手を育てた大学で、長野テストに参加したセルドウィン選手の母校でもある。校舎内のミーティングルームで、大学の指導者陣とストークス会長が、来週予定している選手発掘テストの打ち合わせをしていた。

校舎を出て、広いグラウンドを横切ると、キャンパスの一番端にボブスレーのトレーニング設備があった。手前に看板が立っており、大きな字で、

「NO SNOW NO PROBLEM MAN（雪なんかなくても俺たちに問題はない）」

とあり、その下の文章は、1988年カルガリー冬季五輪への挑戦を決めた選手たちがここでトレーニングを積んだと誇らしげに説明している。

その施設は、土を盛って、坂を作り、鉄のレールを敷いてボブスレーのプッシュスタートを練習するものだった。作られてから30年を経て、土はひび割れ、レールは錆びて歪《ゆが》んでいる。

「日本のものづくりのレベルでは考えられない施設だな」

細貝がつぶやく。いまもジャマイカのボブスレー選手たちは、この施設を使ってトレーニングしている。欧州のボブスレー選手は、クルマで行ける範囲に複数の滑走コースがある。ジャマイカのボブスレー選手は、圧倒的に不利な条件のなかで戦っていた。


14時、再びキングストンに戻り、スポーツ大臣を表敬訪問した。正確な役所の名称は「文化・ジェンダー・娯楽・スポーツ省」という。オリビア・グランジ大臣は、やはり体が大きく明るい女性だった。下町メンバーとストークス会長をにこやかに執務室に招き入れ、

「スポーツ省はジャマイカボブスレーチームをサポートしており、そのパートナーとなった下町ボブスレーもサポートします」

と言ってくれた。

続いて15時30分、ジャマイカの全国紙「オブザーバー」を訪問し、インタビューを受ける。ホテルに戻ると17時。ジャマイカに来て初めての短い自由時間となった。質素だが外国人観光客の多いこのホテルには、小さいながらもプールがあった。

「南国のリゾートホテル気分で、プールサイドでカクテルを飲むぞ！」

しかし、プールサイドに集合した國廣と奥田はノートパソコンを持参しており、明日の調印式に向けて契約書の最終確認を始めた。細貝と國廣は企業経営者であり、日本の社員たちから本業の報告や相談事も届いている。それでも、カクテルは飲んだ。

ジャマイカでの活動最終日7月5日、前日の夕食をスーパーで買ったインスタント焼きそばで済ませた國廣が、「腹が減りました」と珍しくホテルの朝食バイキングに早くから姿を見せた。10時に日本大使館へ行き、ストークス会長と契約書の細かい修正点を打ち合わせ、ジャマイカのもうひとつの全国紙「グリーナー」の取材を受ける。昼食にテイクアウトの中華料理を食べ、午後はジャマイカオリンピック委員会へ。

夏の五輪の陸上競技で圧倒的な存在感を持つジャマイカ。その活動を統括するジャマイカオリンピック委員会は、小さな戸建て住宅のようなオフィスを構えていた。ミーティングルームにはリオ五輪用のウエアを入れた段ボール箱が積み上げてある。

マイケル・フェンネル委員長は背筋の伸びた上品な初老の男性で、ジャマイカスポーツ界の尊敬を集めていた。細貝からフェンネル会長に、グランジ大臣にも贈った「蒲田切子」のグラスをプレゼントする。蒲田切子は青いガラスの表面を研磨して透明な美しい柄を彫り込んである。大田区のものづくりの「職人の技」を形にした手土産は、地元大田区の企業である「フォレスト」が下町プロジェクトジャマイカ訪問のために提供してくれた。

フェンネル会長は美しい蒲田切子をじっと見つめて、ありがとう、と言い、

「中身も欲しいところだね」

と酒を飲む仕草をして場を和ませた。細貝が下町ボブスレープロジェクトを説明し、協力をお願いすると、フェンネル会長は印象深い話をした。

「ジャマイカが強い陸上競技は、身体ひとつで戦えます。しかし、ボブスレー競技はソリの性能差が大きく影響し、資金が不足するカリブ海の国と強豪国の差は歴然です」

現在の状況を冷静に分析し、話を続ける。

「ジャマイカのアスリートの身体能力や判断力が優れていることに疑問の余地はありません。下町ボブスレープロジェクトから最新のソリを得ることができれば、世界のトップを狙えます」

にっこり微笑んだフェンネル会長は、ストークス会長の方を見て、

「クリスはもう、ソリが古いから勝てない、と言い訳できなくなりました」

と冷やかし、集まった人々の温かい笑いを誘った。

契約書調印式

2016年7月5日夕方、下町プロジェクトとジャマイカ連盟の契約書調印式は、在ジャマイカ日本大使館の大使公邸で開催された。調印式の会場には50脚ほどの椅子が並び、前のテーブルの両脇には日本とジャマイカの国旗が飾られている。控え室ではスーツ姿のストークス会長が、ケイオン夫人にネクタイの曲がりを直してもらっている。

細貝と國廣は、スピーチ用のメモを確認していた。ジャマイカの公式行事のスピーチでは、まず来賓の名前をすべて読み上げ謝辞を述べるのが礼儀となっている。細貝は謝辞の部分まで英語のスピーチに挑戦することになっていた。普通の人間なら相当緊張するところだが、細貝と國廣は時折クスクスと笑いながら相談し、メモに何やら書き込んでいる。

来賓の中には、訪問したばかりのスポーツ省・グランジ大臣とジャマイカオリンピック委員会・フエンネル会長も含まれていた。そのほかジャマイカのスポーツ関係者や政府関係者、日本企業やJICAの駐在員で席が埋まってゆく。日本人駐在員は少なく、客席のほとんどはジャマイカ人だった。

17時30分、小山参事官の司会で調印式が始まった。テーブルにはストークス会長と細貝が並び、ストークス会長の左隣にはグランジ大臣、細貝の右隣には中野大使が、立会人として座った。

まず中野大使があいさつし、続いてストークス会長のスピーチ。カルガリー冬季五輪に挑戦した「クール・ランニング」とその後の活動の困難を振り返り、下町ボブスレーと日本のものづくりの素晴らしさについて熱弁を振るう。会場が沸いた。

続いて、細貝のスピーチが始まった。

「オーナブル・オリビア・グランジ・ミニスター・オブ・カルチャー・ジェンダー・エンターテイメント・アンド・スポーツ。アンバサダー・シーラー・モンティエス・アクティブ・パーマネント・シクレタリー・オブ・フォーリントレード。ミスター・デュエル・エンジェル（……以下続く）」

10人近い来賓の名前と肩書きを、たどたどしくカタカナ英語で読み上げていく姿に、会場が手に汗を握る。長く感じる2分間、客席を緊張させた細貝が、

「アザーズ・ディスティングウィシュド・ゲスト・レディスアンドジェントルマン。グッドイブニング（その他著明なゲスト、紳士淑女のみなさま、こんばんは）」

と謝辞をまとめると、会場から「グッドイブニング」と細貝を気遣う静かな返事。

その瞬間、細貝がニヤリと笑い、

「アイ・キャン・ノット・スピーク・イングリッシュ」

と言い放った。客席が爆笑する。英語のスピーチで「私は英語が話せません」と言って引きつける男も珍しい。ここから日本語に切り替え、大田区のものづくりの現状や下町ボブスレーの狙い、ジャマイカ連盟との信頼関係について話し、小山参事官が適切な言葉で通訳してゆく。時折、「日本にはいい酒もあります」「下町ボブスレーとジャマイカ連盟の共通点は、資金不足ですね」とジョークをはさみ、来場者を飽きさせない。

最後に「私たちはソリも、軽量なヘルメットも提供します。クリスは我々に何をくれるのでしょう

か?」とニヤリとする。小山参事官が通訳し、会場が笑い、ストークス会長が苦笑すると、細貝はスピーチの最後の締めを英語に戻した。

「I want Gold Medal(金メダルが欲しいな)」

また客席がどっと沸く。

「We both Shitamachi-bobsleigh team and Jamaica bobsleigh Federation will catch victory together. Thank you!(下町ボブスレーチームとジャマイカボブスレー連盟は、一緒に勝利をつかみます。ありがとう)」

会場は万雷の拍手で満たされ、細貝とストークス会長ががっちりと握手した。

そして、グランジ大臣と中野大使が見守るなか、契約書にサインする。英語版と日本語版、下町プロジェクト用とジャマイカ連盟用、4通の契約書を交換しながら二人の名前を並べていく。歴史的な契約が、たくさんの人々の応援を得て成立した。

ジャマイカの公式行事では、余興をはさむのが文化とのことで、小山参事官のギターを借り、細貝と奥田がボブスレーだからと選曲した「冬の稲妻」を歌う。なんでジャマイカの大使公邸でアリスを歌っているのだろう、と思うが、ジャマイカの人々は音楽好きで、それなりにウケた。國廣が「日本が誇るカラオケ文化を知っていますか?」とわかるようなわからないような説明をし、フェンネル会長がグランジ大臣に「大臣はエンターテイメントも管轄でしたね。レコード会社にも日本との契約を勧めた方がいいんじゃないですか」と真面目な顔で冗談を言っている。

笑いが絶えない来場者一同が中庭に移動し、パーティーが始まった。小山参事官が國廣を紹介する。

「昨日のテレビジャマイカを見た方はいらっしゃいますか？　國廣さんは番組のなかでハダカになった人です」

と茶化すと、また会場が沸いた。苦笑しながら國廣が演台に立ち、

「英語は4年しか勉強していないので、お聞き苦しいところがあると思います」

と前置きすると、会場のグランジ大臣から

「Very well！（とっても上手よ！）」

と合いの手が入り、

「ありがとうございます。ママに報告します」

と返せば会場がまたどっと沸く。

「テレビではTシャツをプレゼントしただけなんです。私は変人でも、ストリッパーでもありません。ソリもTシャツも、すべてジャマイカに捧げるいい奴です」

と笑わせてから、下町ボブスレーに集まる町工場の結束力についてスピーチした。

最後に國廣が、細貝と奥田を演台に呼ぶ。

「ジャマイカは暑いですからね、ちょっとスーツを脱がせてもらいます。大丈夫、下にボブスレーTシャツを着てますから」

と言うと、客席はもう笑い出している。細貝と奥田がスーツとワイシャツを脱ぎ、ボブスレーTシ

ャツ姿になる。続いて、國廣がスーツとワイシャツを脱ぐと、客席の期待通り、下に何も着ていない。

「あちゃ～、忘れちゃった。大使公邸で大変な失礼を……」

という上半身ハダカの國廣。グランジ大臣が「アハハハハ」と手を叩いて笑い転げている。

パーティーの締めも、歌だった。小山参事官がギターを弾き、細貝、國廣、奥田の4人で、ボブ・マーリーの名曲「One Love」を歌う。人々が集まって心をひとつにすればきっとうまくいく、というジャマイカのOne Love精神は、下町ボブスレーとジャマイカチームの連携を深めたパーティーの雰囲気にぴったりだった。

この出し物は小山参事官の十八番らしく、途中でコード進行はそのまま坂本九の「上を向いて歩こう」へのメドレーとなる。ジャマイカの人々でも知っている世界でヒットした「スキヤキソング」もまた、困難を乗り越えて進むその歌詞がプロジェクトにぴったりマッチした。國廣に促されて、中野大使が輪に加わり、会場から拍手が起きる。

歌がもう一度、「One Love」に戻ると、グランジ大臣も輪に加わった。会場全体の手拍子と歌声が南国の夜空に吸い込まれていく。歌い終えたグランジ大臣は「アリガト！　アリガト！」と言いながら、細貝、國廣とハグした。

第5章 いざピョンチャンへ

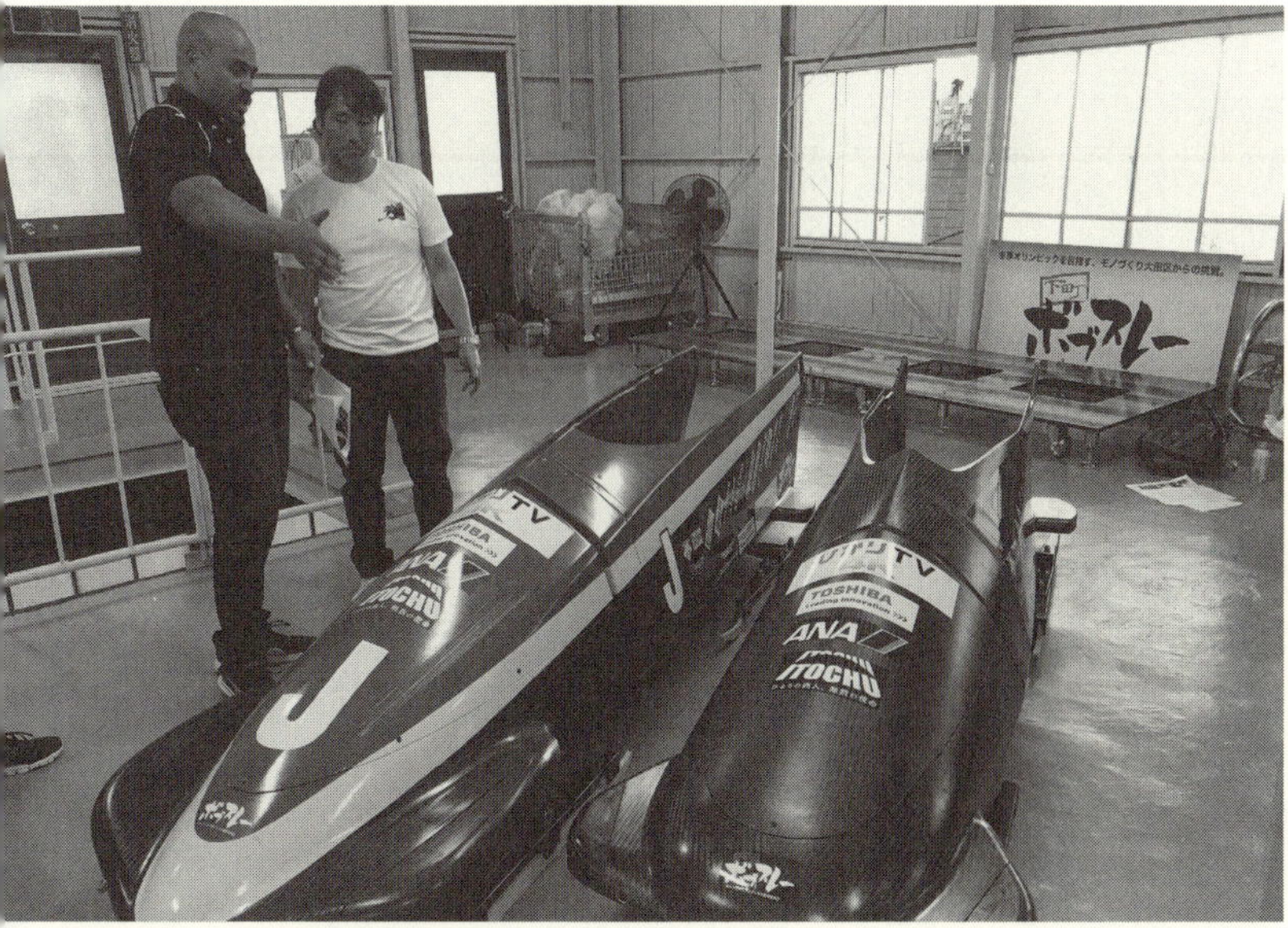

ピョンチャン五輪には、下町スペシャル（左）とジャマイカスペシャル（右）の2種類4台で挑戦する(2016年4月23日)

1　ジャマイカ向けマシンを作る

新型ソリへの要望

2015－2016競技シーズンの終了と同時に、このシーズン中に下町ボブスレー1号機、2号機、新3号機で滑走したジャマイカチームの要望を聞いてピョンチャン五輪用の新型機を設計する作業が始まった。本番1年半前の2016－2017競技シーズンはじめに新型機を投入して改良を重ね、ピョンチャン五輪本番の2017－2018競技シーズンはじめから熟成したソリで公式戦を戦う作戦だ。

2016年3月6日・日曜日、マテリアルのオフィスに細貝、鈴木やボディを製作する東レ・カーボンマジックの奥社長らが集まり、開発会議を開いた。

①シャフト（軸）の傾斜角は1度、②フレームとボディの接合部の材質を改良し振動吸収特性を向上する、③フロント部が短く低いボディ形状にし前後の重量バランスや空力特性を改善、④選手のヘルメットとボディの隙間を極力狭くするコックピット形状など空気抵抗の低減を徹底——といった開

発ポイントが示された。

その翌日、3月7日の夜には國廣《くにひろ》と鈴木がレイクプラシッドへ飛び、競技シーズンを終えるジャマイカチームから新型ソリへの要望を聞くことになった。國廣と鈴木はスポンサーの全日空から提供されたチケットでバンクーバーに着いたものの、乗り継ぎ便が予定より早く出発してしまい、カルガリーへ戻ってモントリオールに入るという苦労の挙句、レイクプラシッドにたどり着いた。冬季五輪の開催地は山のなかにあり、交通の便が悪いところが多い。レイクプラシッドでも、國廣と鈴木は人里離れた山のなかのロッジを拠点に滑走コースへ通うことになった。

そんな場所にはるばるやってきた二人は、ジャマイカチームから「Yoshi !」「Suzuki-san !」と大歓迎された。細かな要望とともに、ここでジャマイカチームから出てきたのが、ジャマイカ連盟の技術ディレクターに就任したトッド・ヘイズ氏の意見を聞いてほしいという話だった。

米国人のトッド氏は、ボブスレーの元米国代表選手で46歳。2002年ソルトレイクシティ冬季五輪の男子4人乗りで銀メダルを獲得している。引退後はソリ技術の専門家としてロシア、オランダ、米国の技術担当ヘッドコーチを歴任していた。ボブスレー米国代表チームはBMWのソリを採用しており、トッド氏はその開発にも携わっていた。

元米国代表であるジャズミン選手は、トッド氏に全幅の信頼を置いている。下町ボブスレープロジェクトにとっても、強力な助っ人の登場だった。

3月16日、國廣と鈴木は帰りの飛行機でも遭遇したトラブル――今度はダブルブッキングだった――を乗り越え帰国。國廣と鈴木が持ち帰ったジャマイカチームの要望を整理し、まずは下町プロジェクトとして新型機の仕様をまとめる作業が進められることになった。

開発会議

ジャマイカチームとピョンチャン五輪を目指すうえで、ひとつの課題は資金不足だった。ジャマイカチームと組んだことでソリの海外輸送やメンバーの海外渡航が増え、下町プロジェクトの財政事情はひっ迫。不足分を細貝が個人的に立て替える状況に陥っていた。

4月15日には広報担当の横田が、アルミフレーム構造材を開発・販売するSUSに協賛をお願いするプレゼンテーションに出かけた。ものづくり企業であるSUSは、広報誌で下町ボブスレープロジェクトを特集する企画を掲載。その縁で、横田がスポンサーシップを持ちかけた。これまでのプロジェクトの七転八倒ぶりを説明すると、SUSは支援を約束してくれた。

新規スポンサーはむやみに増やすことができなかった。これまでのスポンサー各社は幅広い業種にわたっており、競合企業を加えることはできない。細貝は、これまで一緒に苦労してきた既存のスポンサー各社とともにピョンチャン五輪を目指したいと考えていた。下町プロジェクトでは、まず既存のスポンサー各社に協賛金の増額をお願いするため、説明会を開催することにした。

ジャマイカチームも資金不足に苦しんでいた。ジャマイカ国内ではスポンサーの獲得は難しく、ジャマイカチームの協賛企業は数社にとどまっていた。五輪直前になるとメディアが「あのクール・ランニングのジャマイカ代表が資金不足に苦しんでいる」と報道してくれるため寄付が集まるが、本当に資金が必要な準備期間にはお金が集まらないというジレンマに陥っていた。

プロの一流技術者であるトッド氏にボランティアで設計を頼むわけにはいかない。ジャマイカ連盟はネット上のクラウドファンディングで6万ドルの寄付を募ったが、ピョンチャン五輪までまだ2年ある段階で反応は芳しくなかった。ジャマイカ側は下町プロジェクトにも支援を打診してきたが、下町側にも余裕はない。そもそも、下町ボブスレーとジャマイカ連盟の契約では、ジャマイカ連盟側が新型ソリへの要望をまとめ、下町側が形にすることになっている。下町プロジェクトがトッド氏と契約を結んでしまったら話がややこしくなる。トッド氏のジャマイカチームサポート計画は、宙に浮いたまま時間が流れていった。

しかし、秋の競技シーズン入りまでに新型機を製作するには時間がない。ジャマイカ連盟とトッド氏の交渉と並行して、下町プロジェクトからも直接、トッド氏に連絡を取った。ソリの開発と製造に必要な期間を熟知しているトッド氏は、まだジャマイカ連盟との契約が成立していないにもかかわらず、「とりあえず契約の話は後に回し、日本へ行って話をしよう」と言ってくれた。トッド氏もまた、男気のある人のようだった。

5月17日、トッド氏が来日した。

5月18日9時、マテリアル第3工場で初日の開発会議が始まった。マテリアルの第3工場は、細貝が新設したばかりの新拠点だった。1階にマシニングセンターなどの工作機械が並び、2階には白い椅子を並べたプレゼンテーションルームと、ボブスレーを3台ほど置けるオープンスペースを備えている。下町プロジェクトの主要メンバーと、開発に協力する東レ・カーボンマジックやソフトウエアクレイドルの関係者が集まった。

冒頭、トッド氏は、

「20年さまざまな実験を続け、BMWとも共同開発してきました。進んだ知識を持っていると思いますが、製造ができません。みなさんに形にしてほしい。下町ボブスレーの図面を見ると全体の枠組みは素晴らしい。部分的にいろいろ提案したいと思います」

と話した。ソリ作りの先輩としての強い自負と誇りを持っている。続いてメカニックの鈴木が下町ボブスレー開発の経緯を話し、壁に張り出した1号機から新5号機まで歴代モデルの設計図を説明する。図面を囲んで意見交換が続く。

「この部品は比重の重い金属を使って低重心化す

BMW製ソリの開発にも参加したトッド氏と、ジャマイカチーム向けソリの開発方針を練る（2016年5月19日）

るといい」

「ステアリングを調整可能にするのはとてもいい。選手に『ソリに合わせろ』という技術コーチが多いが、選手の好みに合わせるようにするべきだ」

トッド氏のアドバイスは、驚くような新アイデアではなく、下町プロジェクトがすでに理解している「小さく、軽く、低重心なソリ」を「選手の好みに合わせて作る」ためのノウハウの積み重ねだった。シャフトの傾斜角について説明を受けたトッド氏は、下町プロジェクトの開発力に一目置いたようだった。会話がスムーズに進み、気心が知れ、場が和んでゆく。

「ステアリングタワーの調整範囲を広げるため、ボディに穴を開けて外にタワーを突き出させるともっといいね」

「それはレギュレーション違反でしょ（笑）」

と、トッド氏と細貝がジョークを応酬する。


5月19日9時、開発会議2日目にはメディア6社が取材にやってきた。冒頭部分の差し障りのないやり取りを撮影してもらう予定だったが、

「俺たち、演技できないから」

と細貝が話し始め、いきなり本気の開発会議が始まった。2日目は主にボディ形状について議論することになっていた。空気抵抗の値を解析するソフトウェアクレイドルの藤山敬太氏が、歴代モデルの空力特性についてプレゼンテーションする。トッド氏から、

「形状変更で分析結果はどう変わりましたか？」

「実際の風洞実験ではどんな数字が出ましたか？」

など次々と質問が出る。中小企業のプロジェクトと聞いていた下町ボブスレーが、専門家の協力でここまで高度な分析と、大規模な施設を必要とする風洞実験まで行っていることに驚いた様子だった。トッド氏が一拍おいて言う。

「私がアイデアを温めてきた新ボディを作りたい。しかし、いまからでは時間が足りません。中途半端に作るより、1年遅らせて2017－2018年のオリンピックシーズンに投入する方がいいのではないですか？」

「日本人は10月に納めると言ったら絶対に納めます。トッドさんの配慮は嬉《うれ》しいけれど、五輪の1シーズン前に完成させて、テストをして改良する時間も必要です」

と細貝がすぐに否定した。

「しかし、資金の制約もあるでしょう？」

トッド氏は、CFRP（炭素繊維強化樹脂）製のボディ製作に多額の費用がかかることをよく知っている。下町側がすでに設計しているボディと、トッド氏設計のボディの2種類を製作するなら、高額な費用がさらに倍になる。集まったメディアが、ここまで撮っていいのだろうか、と心配するほど真剣なやり取りを経て、ジャマイカ向けのソリは2種類のボディを用意することが決まった。

トッド氏がメディアのインタビューに応じた。BMWと下町ボブスレーの違いを聞かれたトッド氏は、こう答えた。

「BMWが大金を持っていることを除けば、違いはありません。下町ボブスレーには情熱と、丁寧に良いものを作ろうとする熱意がある。これは、お金では買えないものです。開発手法もしっかりしているし、私の知識と合わせればピョンチャン五輪でメダルを狙えるでしょう」

下町スペシャルとジャマイカスペシャル

下町プロジェクトのスポンサー向け説明会は6月9日18時30分、大田区産業プラザP・iOの特別会議室で開催し、13社25人が参加した。まず細貝があいさつに立ち、ジャマイカ連盟による採用を改めて報告し、ピョンチャン五輪に向けた協力をお願いする。続いて新委員長に就任した國廣が、パワーポイントのプレゼン資料を使って、これまでの経緯と、引き続き日本人選手も応援すること、そして終わったばかりのトッド氏との開発会議の概要について説明してゆく。

今後の活動計画は、細貝が説明した。ジャマイカチーム向けに3台、日本人選手向けに1台の新型ソリを製作、6月中に設計を完了し7月から8月にかけて部品を製作、10月にソリを完成させるスケジュールを示した。

そして本題は、資金不足に対する協力のお願いだった。まず5月末が会計年度となる下町ボブスレー合同会社の2015年度決算見通しを報告する。海外関係の費用は合計2000万円を超えていた。ソリの輸送費が、日本連盟ドイツテストと自前テストのための欧州への輸送やジャマイカチームへの輸送でふくらみ、海外渡航費もジャマイカチームの長野テスト招待などがかさんでいた。さらに選手の育成費用などを加えると、プロジェクトの年間の総支出額は３１９５万円に達した。

２０１５年度は、シャフトに傾斜角をつける新3号機と新5号機を試作しただけだった。これに対して２０１６年度には、2種類のボディで4台の新型機を製作する。細貝は、

「２０１５年度の支出に加え、２０１６年度はソリの製作費用に２０００万円以上必要になります。一層のご支援をよろしくお願いします」

と協力を要請した。

スポンサー説明会が終わると、細貝を中心にメンバーが手分けしてスポンサー各社に協賛金の増額をお願いした。各社とも会計年度の途中に予算を変更するのは難しいことが予想された。それでも、各社で下町ボブスレープロジェクト支援の窓口を務める広報担当者や宣伝担当者、総務担当者のみなさんが社内を説得し、何社かのスポンサーが協賛金を増額してくれた。ジャマイカチームのために新しいソリを作るメドが立ってきた。

6月13日夜に開いた下町メンバーの定例会で、製作スケジュールを確認。下町プロジェクト側が設計したボディを採用する1台は10月完成を目指すことになった。一方、トッド氏がボディを設計する2台は、設計データが届き次第製作に入り、11月から翌年1月の完成を目指す。フレームは両モデルとも共通のもので、下町プロジェクトの設計にトッド氏のアドバイスをいくつか反映したものとなることも確認された。加えて、新型機の完成に合わせて輸送用のコンテナが必要となり、これは費用を

抑えるため下町チームで自作することとした。

ジャマイカを訪問して正式契約を結んできた細貝、國廣、奥田が7月7日に帰国し、7月14日には大田区産業プラザPiOで、ピョンチャン五輪に向けた新型機の製作方針を発表する記者会見を開いた。委員長としてデビュー戦になる國廣は、開始1時間前にPiOに到着し書類を読み込んでいる。細貝があいさつのなかで新委員長を紹介し、國廣がジャマイカ連盟との正式契約の内容や、新型機の特徴を説明していく。

まず、下町プロジェクトがボディも設計した6号機を「下町スペシャル」として説明する。6号機は、ボディのフロント部が短く低い。空気の流れを制御するにはある程度長いボディが有利だが、この6号機は既存の2号機から5号機までのボディと同じ全長3mながら、形状を工夫することで歴代モデルで最も小さい空気抵抗値を実現する。また、ステアリング機構などの重量物があるフロント部を短くすることで、ソリ全体の前後の重量バランスを改善している。さらに、土台となるフレームは軽量化と低重心化を徹底するとともに、ランナー（ソリの刃）の平行度を維持する機構を工夫した。ソリ単体の重量は国際連盟が規定する最低重量165kgを下回り、選手の体重に合わせてウエイト（重り）を低い位置に取り付け、総重量規制にぴったり収めながら重量バランスと低重心を実現する。新5号機までの開発で学んだノウハウを形にしたソリだった。

続いて、6号機と同じモデルである7号機も製作し、日本人選手に提供することも発表した。日本連盟は下町ボブスレーを採用しなかったため、当面はチーム下町ボブスレーに所属する浅津このみ選手用のソリとして使われる。

一方の「ジャマイカスペシャル」と名付けた2台は、トッド氏が設計したボディを採用し世界最小クラスのボブスレーソリになることを説明した。トッド氏のボディは小型化を徹底的に追求し、全長は6号機より約30㎝短い。ボブスレー競技では、プッシュスタート時の助走区間の長さが決まっている。ソリの全長が短ければ、その分、選手の助走距離が延びることになる。

「わずか30㎝の違いでも、予選と決勝で4回滑走すれば1・2mのアドバンテージになる」

というのがトッド氏の狙いだった。トッド氏がかねて温めてきたアイデアで、身体能力に優れるジャマイカチーム向けには特に有効な戦略と思われた。

会場のプロジェクターに、6号機の完成予想図を映写する。黒いCFRPボディに、ジャマイカ国旗の黄色と緑をあしらったデザインを、メディアのカメラが撮影している。

記者会見に続き17時から、大田区内の町工場を集めた製作説明会が同じ会場で開かれた。不採用通告後の製作説明会とは雰囲気が一変し、80席が埋まり、あわてて椅子を追加する。

細貝のあいさつは、記者会見よりさらに熱の入ったものになった。

「2度の不採用通告の苦しいなか、製作に協力してくれたみなさんには本当に感謝しています。みなさんの応援のおかげで、ジャマイカチームと一緒にピョンチャン五輪を目指すことになりました。五輪は、もう手の届くところまできています。一緒に最高のソリを作って、五輪の舞台で世界へ大田区のものづくりの力を示しましょう」

続いて國廣が経緯を説明し、西村が製作の段取りを説明する。

「申し訳ありませんが、できれば材料代も持っていただけるとありがたいです」

ソリ製作では、スポンサーの白銅が提供する材料を大田区の町工場が無償で加工する形が基本だ。一方で、特殊な材料の入手や、緊急対応で時間のない場合は、加工を担当した町工場が材料を購入し、下町プロジェクトに材料費だけを請求していた。

しかし、材料を支給する方式は時間が余分にかかるうえ、下町プロジェクトは財政事情が厳しい。町工場は、過去の仕事で余った材料を保管していることもある。材料代まで持ってくれという説明は、厚かましいといえば厚かましいのだが、集まった町工場の熱意は冷めなかった。参加者は会場に並べられた部品図をながめ、次々に持ち帰ってくれた。

6号機の完成

ピョンチャン五輪に向けて新型ソリの製作が進む2016年夏、ブラジルでリオデジャネイロ五輪が8月5日に開幕した。テレビで開会式を見ていた下町メンバーが、アルファベット順の入場行進でジャマイカとジャパンが連続して入場する姿に、

「下町ボブスレーは、やっぱり何か持ってるよな」

とつぶやく。8月20日・土曜日、注目の男子400mリレー（100m×4人）で、ボルト選手率

いるジャマイカ代表チームが金メダル、日本代表チームが奇跡の銀メダルを獲得する。ボルト選手と併走したケンブリッジ飛鳥選手は、日本人とジャマイカ人のハーフだ。両チームの選手が両国の国旗を掲げながらスタジアムを歩く姿に、テレビの前の下町メンバーは、

「何か持ってるなんてもんじゃないよな。鳥肌が立った」

「俺は泣きそうになった」

とフェイスブックでメッセージを交換した。

秋、予定通り6号機が完成し、ジャズミン選手とサーフ選手が10月2日・日曜日に来日した。6号機の発表記者会見に同席するとともに、日本のスポンサー企業開拓に役立てる写真の撮影や広報活動を行うためだった。

来日した2日は、大田区の地元・水門通り商店街の祭りの日でもあった。水門通りまつりは3年前、下町ボブスレーを初めて外部に貸し出して展示したイベントで、以来、毎年参加していた。京浜急行・雑色《ぞうしき》駅から始まる長い商店街の道の両側で、各店舗が自慢の焼き鳥やコロッケ、ビールなどの飲み物を売っている。祭り向けではない商品を扱うお店は、金魚すくいや輪投げ遊びのコーナーを作って地元の子供たちを楽しませていた。商店街会長が経営する八百屋さんの前に下町ボブスレー4号機が置かれ、下町メンバーが募金箱を手に、

「下町ボブスレーでーす。ジャマイカチームとピョンチャン五輪に出場しまーす」

と声を張り上げている。

國廣の案内でやってきたジャズミン選手とサーフ選手は、盆踊りの浴衣姿の女性たちに「ワーオ」と目を丸くし、スマホで写真を撮っている。近所の子供たちやおばあさんが集まってきて、両選手にサインや握手を求め、ジャズミン選手が爽《さわ》やかな笑顔で一人ひとり対応する。

その隣に、ケィディケィ社長の佐藤が緊張した面持ちで立っていた。佐藤は英会話学校ECCのプロモーション企画に参加し、週2回新宿の教室に通って英語を特訓してきた。きょうはECCのカメラクルーが、佐藤の英語の上達ぶりをビデオに収録することになっている。

「佐藤さん、もうペラペラなんでしょ?」

と冷やかすメンバーに、

「全然。僕、教室の落ちこぼれですから」

と普段は明るい佐藤が真面目に答える。ではお願いします、とディレクターの合図でカメラが回り始める。

「あー、うー、ホワット・ドゥ・ユー・ドゥ・ジャパニーズ・フェスティバル?」

ジャズミン選手がにっこり笑って、佐藤の耳元でこっそりささやく。

(How do you like Japanese festival ? って言いなさい)

佐藤がもう一度、ジャズミン選手に質問する。

「ハウ・ドゥ・ユー・ライク・ジャパニーズ・フェスティバル?(日本のお祭りは気に入りましたか?・)」

「Yes, of course!（はい、とっても！）」

ジャズミン選手は、賢く、優しい女性だった。佐藤も、ＥＣＣのディレクターも、感じ入るものがあったらしい。佐藤は猛然と勉強を巻き返し、ディレクターは佐藤の追跡取材を徹底した。学生時代に真面目に勉強しなかった佐藤は、英文法をほとんど理解していない。その佐藤が中小企業経営の激務の後、英会話学校に通い、教室に行かない夜も自宅で勉強した。佐藤はめきめきと英会話の実力をつけ、インターネット上のテレビ会議「スカイプ」でジャズミン選手に冗談を飛ばすまでに上達した。

ＥＣＣのホームページ上で公開されたプロモーションビデオは、ほかの参加者5人の動画が、勉強を始める前の「ビフォー」と勉強の成果を見せる「アフター」の2本構成なのに対し、佐藤だけは前編・中編・後編の3本構成となった。もちろん「中編」は、水門通りまつりの光景である。

10月4日、完成した6号機を渋谷区恵比寿のスタジオに運び込み、広報活動用の写真撮影が行われた。東蒲《とうほ》機器製作所社長の高橋俊樹の運転するトラックには、緑と黄色のジャマイカカラーに塗られた6号機のほか、改修して赤と白のジャパンカラーに塗装し直した2号機も積まれている。トラックがスタジオに着くと、下町メンバーが6人がかりで2台のソリを下ろした。

この撮影では、ソリ単体の写真のほか、部品製作に協力してくれた町工場のみなさんも何グループかに分けて記念撮影。撮影にあたっては、上は黒いボブスレーTシャツ、下はジャマイカを連想させる黄色のズボンをはくことをみんなで約束していた。

撮影会場にはスポンサー企業であるデサントの担当者も集まり、ジャズミン選手、サーフ選手とウエアの打ち合わせを行った。高品質のウエアを試着したジャズミン選手は、

「いまのジャマイカチームは、私のパイロットとしての経験があり、下町ボブスレーの良いソリがそろい、こうしてウエアまで提供してもらえるのは大きなチャンス。ジャマイカ初の冬のメダルを狙える」

と話してスポンサーを喜ばせた。

6号機の完成記者会見は、10月5日にスポンサーでもある地元の日本工学院専門学校の階段教室で行われた。細貝、國廣、ジャズミン選手、サーフ選手、松原忠義大田区長が、6号機にかけてあった黒布を取り払うと、カメラのフラッシュが一斉に光った。

JR蒲田駅の東口を出て左へ進むと、線路沿いに飲食店やパチンコ店が並ぶ路地のなかほどに居酒屋「蒲田物語」がある。10月7日夜、貸切の店の入り口には「下町ボブスレーwithジャマイカ選手飲み会」の紙が貼られていた。店のオリジナルメニュー「下町ボブスレー風オムレツ」は、イカスミを混ぜた黒いオムレツに、選手のヘルメットをイメージした丸いマヨネーズを2つ乗せてある。お店は下町ボブスレーのロゴマークの利用許諾を得ていた。下町プロジェクトでは、ものづくり中小企業だけでなく区内産業が広く下町プロジェクトを活用できるよう、ロゴマークの利用許諾を飲食業やパ

ン屋さんにも提供している。ロゴを提供したお店に「できれば、売上の一部を下町プロジェクトに寄付してください」とお願いする仕組みだ。

「このオムレツ、食べるのもったいないなあ。選手をかじっちゃっていいの?」

集まった40人ほどの下町メンバーが、スマホで黒いオムレツの写真を撮っている。店内は予想を超える参加人数に椅子が足りず、ビールケースに座っている者もいる。

國廣が店の引き戸を開け、ジャズミン選手とサーフ選手が笑顔で入ってくる。まるで新郎新婦の入場だ。40人の盛大な拍手。

「それでは、副委員長の西村さんに、乾杯の音頭をお願いしましょう! あれ? 僕、委員長なんですけど、完全に宴会係ですね」

と國廣が仕切っている。お店が用意してくれた小さな樽酒をジャズミン選手とサーフ選手が鏡割りし、宴会が始まった。二人は混み合う店内を回り、ジャマイカチームのボブスレーを作ってくれた町工場の人々にあいさつしている。

ジャズミン選手が「あなたは、どんな部品を作ったのですか?」と聞く。周りの連中が「英語で答えるんだぞ!」とはやしたてる。聞かれて困り果てる町工場の男性を見て、ジャズミン選手が作戦を変えた。

「日本語とゼスチャーで、どこの部品を作ったか説明して。私が当てるから!」

「えーと、ハンドルの下の、ここのところ」

「ステアリングシャフトね」

おお〜、と店内が沸く。隣の参加者は、

「俺んところはソリの部品そのものじゃなくて、測定用の治具《じぐ》なんだよなあ」

と言いながら、四角い平皿の上に赤いお箸を置いた。

「このお箸がボブスレーね。で、うちが作ったのはこの下の皿のところ」

「何かを測るものね」

おお〜、と店内が沸く。

「重さか、いや、寸法を測る治具ね」

おお〜、と店内一同が感心する。W杯年間3位のトップ選手は、強いだけでなく、賢く、優しかった。


22時を回るころ、本業の仕事で出張していた細貝が、キャリーバッグをゴロゴロ引きずりながらやってきた。店の外で一度深呼吸して疲れを振り払い、ボブピースで入店する。親分の登場で盛り上がったところで、最後の締め。ジャズミン選手があいさつに立つ。

「米国代表からジャマイカに移籍した時、こんな展開になるとは思いませんでした。日本はもうひとつの故郷のような気がします。みなさんに親切にしてもらって、本当に幸せ。みんなでクール・ランニング2を作りましょう!」

と涙ぐんでいる。ジャズミン選手は、マウスピースを製作してくれた地元の新東京歯科技工士学校を訪問した時も、若い女子学生の心のこもったプレゼントに感激して泣いた。強い選手だけれど、涙もろい女性でもある。

サーフ選手は、一人ひとりにメッセージを送りたいという。

「コータロー（黒坂浩太郎）は明るく楽しい。サトー（佐藤武志）は魅力的なキャラクター。トシ（舟久保利和）は親切」

嘘《うそ》だ〜、オンリーフォーウーマンだ〜、とヤジが飛ぶ。

「（笑）旅は続きます。一緒にメダルを取りましょう」

最後に細貝が締める。

「あえて暗いこと言うぞ。これからもいろいろ、大変な製作作業が出てくる。でも、みんなで歴史を作るぞ！」

おお〜っ！と応じる参加者一同。舟久保がジャズミン選手とサーフ選手に手早くレクチャーし、全員の、完璧なタイミングで三本締めが決まった。

2　時間との戦い

7号機・8号機・9号機

完成した下町ボブスレー6号機は10月12日、新スポンサーのSUSが製作してくれた搬送用のスキャボー（ソリを乗せて運ぶ2本1セットの棒のような道具）とともに、ジャマイカチームに向けて発送された。6号機を発送するとすぐ、残る新型ソリ3台の製作についての会議が10月20日に行われた。すでに日が暮れた大田区南六郷のマテリアル本社に、細貝、西村、鈴木、関が集まり、設計図を前に話している。

ジャマイカチームには今シーズン3台の新型ソリを提供する契約で、これから作るのはジャマイカ側技術者であるトッド氏がボディを設計した「ジャマイカスペシャル」2台。さらに、日本選手向けに「下町スペシャル」6号機とまったく同じ7号機を製作することになっていた。下町スペシャルとジャマイカスペシャルは、フレームはほぼ同一のもので4台分の部品はすべて製作を完了している。ボディの違うジャマイカスペシャルのために、ボディとフレームの接続部品を追加製作すれば仕事は完了する予定だった。

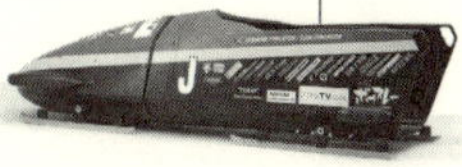

話は自然と2つのボディ形状の違いについて進む。

「出荷前に6号機の空気抵抗を実際に測定した風洞テストの結果は、空気抵抗が8％減、機体が持ち上がるリフト現象も3割改善されている」

「いい数値だよね。見た目もかっこいいし」

「それに比べると、極端に短いトッドさんのボディは変わってるよね」

「でもジャマイカチームが希望しているのだから、このまま作らないと」

下町メンバーとしては、フレームもボディもこちらで設計した6号機に愛着がある。一方で、ジャマイカチームはトッド氏の設計に全幅の信頼を置いている。どちらが速いのか、テストが楽しみだ。そのためには、一刻も早く残り3台を完成させなければならないのだが、ジャマイカ連盟が資金不足でトッド氏と正式契約を結べなかったことに連動して、トッド氏の図面を三次元ＣＡＤのデータに変換する作業が遅れていた。

7号機は12月始めには完成するが、ジャマイカスペシャルの完成時期はまだ見えない状況だった。

改修の要望

カナダ・ウィスラーでキャンプインしたジャマイカチームは10月末、届いたばかりの下町ボブスレー6号機と、昨シーズン北米に残した1号機・新3号機で滑走テストとトレーニングを開始した。ピカピカのジャマイカカラーに塗られた6号機に大喜びしたジャマイカ選手たちが、さっそくフェイスブックに笑顔と6号機の写真をアップする。

しかし、11月3日にクラッシュ。ボディが破損した。頑丈な1号機ならびくともしないところだが、小型・軽量化を追求した6号機の繊細なボディは、フロントカウルが固定ナットからちぎれ、ボルトも破損した。

ジャマイカチームから「6日からのノースアメリカンカップに間に合わない！」とSOSのメールが届く。メカニックの鈴木の派遣を検討するが、本業の仕事もあってすぐには渡航できない。下町プロジェクトとの契約では、引き渡し後のソリのメンテナンスはジャマイカチームの責任だが、資金不足のジャマイカチームには今シーズン、メカニックが帯同していないようだった。ところが、補修部品を送ると、なんとジャマイカチームはカナダチームのメカニックの協力でボディを補修してしまった。クール・ランニングの人気者には、周りを引きつける力とバイタリティがあるようだった。

ジャズミン選手は、サブマシンとなる次の新型機を早く送ってほしいと希望した。しかし、トッド氏設計ボディのデータはまだ確定していない。代わりに7号機を送ることも検討したが、日本選手にもテストの予定があり難しかった。ジャマイカスペシャルの製作は、時間との戦いになってきた。

11月9日には、新5号機を提供したルーマニアチームから、バンパーの厚みとコックピットの高さについて、レギュレーションに抵触しないかとの照会が届いた。下町プロジェクトはレギュレーションを徹底的に研究し、ドラゴス氏のマテリアルチェックでも新3号機・新5号機が合格している。しかし、大会ごとに行われるマテリアルチェックでは、測定機材の誤差や、北米と欧州の審判員によるレギュレーション解釈の微妙な違い、さらにソリ本体の転倒などによる変形で「不合格」とされるリスクが残る。下町メンバーは日頃1000分の1㎜の精度を追求する仕事をしているが、ボブスレーのボディでは数㎜単位の余裕を持たせる必要があるようだった。

こういったレギュレーション問題は、新型機にも共通する。11月26日にはトッド氏からボディの設計データが届いたが、レギュレーション問題がひっかかり、ボディ製作に着手できない。

12月10日にはジャズミン選手から「ノースアメリカンカップの審判員は、このボディでレギュレーションはOKと言っている」とのビデオレターが届く。一方で、クリス・ストークス会長から行った国際連盟への問い合わせには、まだ回答がない。

ジャマイカチームはまず現状の設計データのままのジャマイカスペシャルを取り急ぎ1台製作し、改めてレギュレーション対応を完璧にしたもう一台を製作することを希望した。しかし、ボディ製作の元となる「型」の製作には多額の費用がかかる。2種類も型を作る余裕はなかった。

一方で、ボディを支えるフレーム構造についても、ジャズミン選手から細かな修正要望が年末に届いた。

①カウルがはがれた経験から、ボディのフレームへの取り付け方法の見直し、およびボルトを一回

り太くすることが必要
②ステアリング機構を調整型にしたのは良いアイデアだが、機構が複雑になったためステアリングタワーの強度アップと取り付け方法の改良が必要
③ソリの最低重量規制が五輪やW杯の165kgに対しノースアメリカンカップは170kgと緩いため、ウエイトを積み増す方法を検討
④各部のボルト・ナットの緩み止め対策
⑤ブレーキの効きを増すための形状変更
⑥滑走中の振動の低減
⑦コックピット開口部の拡大
といった内容だった。

年が明けた。元旦から、國廣がジャズミン選手の改修要望リストを翻訳し、下町メンバーに伝達。すぐに対策準備が始まった。1月7日・土曜日、マテリアルで開発会議が開かれ、細貝、奥社長、國廣、舟久保、鈴木が参加する。ステアリング機構は取り付けプレートの厚みを6㎜から8㎜に強化、ボルト類はM6（直径6㎜）からM8（同8㎜）に強化する。振動の低減は、ボディとフレームの連結部にはさむゴムをさらに工夫することになった。
このなかで最も重い課題は、コックピット形状の変更だった。6号機は空気抵抗を低減するため、

パイロットのヘルメットとボディの隙間を最小限に狭めていた。テスト滑走を繰り返したジャズミン選手は、高速コースのコーナーで横に振られた時にヘルメットがボディに打ち付けられ、最悪なら脳震盪《しんとう》を起こす危険があると訴えていた。しかし、ボディ形状の大幅な変更は競技場ではできず、東レ・カーボンマジックの工場に持ち込む必要がある。

細貝が決断する。

「6号機の課題をすべてクリアした下町スペシャルをもう1台、超特急で作ろう。トッドボディのジャマイカスペシャルは、現状のデータで製作する。今シーズン中に下町スペシャルとジャマイカスペシャルの比較テストを実施することが最重要だ」

國廣がジャマイカチームのスケジュールを説明する。

「ジャズミンは2月末にピョンチャンに入り、国際連盟主催の国際トレーニング期間（ＩＴＰ）とW杯ピョンチャン大会に参加する予定です」

「ジャマイカスペシャルを間に合わせるとしても、どんなトラブルがあるかわからない新型機1台だけでW杯に参加するのは、リスクが大きい。下町スペシャルの改良版と2台を持っていくのがベスト」

東レ・カーボンマジックの奥社長が自動車のレーシングマシンを数々製作してきた経験から指摘した。

1年前、ジャマイカチームの採用決定直後に送った1号機と新3号機は、一時輸出の期限が切れるため日本に戻さなければならない。この2台を日本へ戻すと、ジャマイカチームの手持ちのソリは6

号機1台だけになる。新型機の残り2台を早急に完成させる必要があった。

「あとは納期の問題だな」

細貝がつぶやく。これから2つのボディを製作する東レ・カーボンマジックの負担は大きい。東レ・カーボンマジックは注目を集める新素材・CFRPの先駆企業として急成長しており、1月の同社工場はフル稼働の状況にあった。奥社長が口を開く。

「下町スペシャルのボディは1月末、トッド氏設計ボディは2月20日で何とかしましょう」

ほかの参加者全員が「ありがとうございます!」と声をそろえた。


こうして2016-2017競技シーズンのジャマイカチームへの提供ソリは、
①6号機=下町スペシャル(出荷済み)
②8号機=当初予定のジャマイカスペシャルから、下町スペシャル改良機に変更
③9号機=ジャマイカスペシャル(レギュレーション対応暫定版)
と決定した。8号機と9号機は3月のシーズン終了ぎりぎりに、韓国・ピョンチャンへ日本から直接持ち込み、下町スペシャルとジャマイカスペシャルの比較テストを済ませることになった。

6号機に課された試練

2017年1月16日、6号機に当面必要な改修を行うためメカニックの鈴木がアメリカへ飛んだ。

英語が話せない鈴木が一人でオルバニー空港に不安げに到着する。ジャマイカチームは1月10日にノースアメリカンカップ・パークシティ大会を終え、レイクプラシッド大会に備えて移動してきていた。

今回、下町プロジェクトは現地での改修作業について、現地取材を希望したテレビ局と通信社にOKを出していた。6号機が完璧でないことをメディアに公開することになるが、それは構わない。英語が話せない鈴木の横で、話を聞く記者が事実上の通訳としてプロジェクトに参加するような形になった。

「振動が大きい。それから、ヘルメットがボディに当たって危険です」

ジャズミン選手のコメントを、記者が鈴木に伝える。鈴木はボディとフレームがリジット（直結）になっているのを確認し、間にゴム材をはさんで振動を低減した。ボルトを太いM8に交換

英語が話せない鈴木が単身アメリカへ渡り、下町ボブスレー6号機を改修。ジャマイカチームに歓迎される（2017年1月17日）

し、緩み止め対策も施す。しかし、コックピットの開口部を広げることはできない。

ジャズミン選手は米国代表からジャマイカ代表への転籍に伴い、昨シーズンは代表選手として滑走できないインターバル期間を過ごした。本格的な競技再開となった今シーズンは、北米の地域大会であるノースアメリカンカップに参戦し、11月23～24日のウィスラー大会15位、1月9～10日のパークシティ大会7位と調子を上げていた。しかし、今シーズンの今後の大会についてジャズミン選手は、鈴木に、

「6号機には乗らないかもしれません」

と告げた。

そして、1月23日開催のレイクプラシッド大会にジャズミン選手はトッド氏が以前に製作したソリ「OB1」で出場し、3位に入賞。ジャマイカチームは、ボブスレー競技で初のメダルを獲得した。下町メンバーの脳裏に、日本連盟がソチ五輪直前にラトビア製ソリを選択した苦い記憶がよみがえる。

その日本連盟は、2人目の外国人監督となるドイツ人監督を招へいし、日本代表候補チームの強化を順調に進めていた。12月2日には押切麻李亜・君嶋愛梨沙チームがヨーロッパカップ・ケニクゼ大会で優勝し、浅津このみ・川崎奈都美チームも5位に食い込んだ。1月21日のW杯サンモリッツ大会でも押切・君嶋チーム12位、浅津・坂内睦チーム17位と健闘していた。パイロットに転向した浅津選手は経験を積んで操縦技術を磨き、浅津チームのブレーカーは東京都連盟のトライアウトに参加した川崎選手が務めている。浅津選手、川崎選手、男子の中村選手という下町プロジェクトが育成に協力

した3人の選手が、いまや日本代表候補チームを支えている。その3人が下町ボブスレーではなく、日本連盟が採用した外国製ソリで戦っているのは残念なことだった。

ジャズミン選手もOB1で出場してしまった。1月25日には鈴木の改修作業を取材した記者が、下町ボブスレー6号機は危険というコメントをそのまま記事にした。初メダルを喜ぶジャマイカチームのフェイスブックをながめながら、下町メンバーは複雑な気持ちだった。

沈みがちな鈴木の表情を見て、ジャズミン選手が声をかける。

「ピョンチャン五輪は必ず下町ボブスレーで出場するから心配しないで」

日本連盟は、比較テストを行ったその時点で少しでも速いソリを選択した。日本連盟とジャマイカ連盟の最大の違いは、ジャマイカチームと下町プロジェクトの間に信頼関係があることなのかもしれなかった。ジャズミン選手は下町プロジェクトがソリを改良してくれることを確信し、下町プロジェクトはジャズミン選手がピョンチャン五輪に下町ボブスレーで出場してくれることを信じている。ジャズミン選手の信頼に応えるため、改良したソリを一刻も早く届けなければならなかった。

予想外の事態

改良・追加モデルの製作は、一刻を争った。2017年2月に入り、東レ・カーボンマジックが超特急で2つのボディを製作するのと並行して、大田区では西村が8号機と9号機の改修部品の製作手配を急いだ。下町スペシャルの改良版となる8号機は、開口部を拡大したボディが2月15日に完成し、3月1日にはピョンチャンに届く見込みとなった。

ぎりぎりになるジャマイカスペシャル9号機は、いかに早く韓国へ運ぶかが検討された。9号機ボディの完成予定が2月26日、フレームと組み合わせてソリ全体が完成するのは3月1日とみられた。通常の航空貨物で送ると通関手続きを含めて10日かかる。ピョンチャンでのトレーニング期間は3月2日から12日、W杯ピョンチャン大会は3月13日から16日が公式練習で、18日が競技本番だ。時間がない。

「韓国の友人に聞いたら、日本からトラックごとフェリーに乗って釜山《プサン》に行けば2日で着くという話ですよ」

奥社長から、個人の手荷物として税関を通過する方法の連絡が入る。しかし、手荷物にしてはソリは大きい。もし釜山港で止められてしまったら万事休すだ。

通常の航空便で一刻も早く届ける方法が選択された。3月2日に滋賀の東レ・カーボンマジックから出荷された9号機は、日通の努力で国際トレーニング期間中である3月9日にピョンチャンに到着した。

その間、ピョンチャンでは予想外の事態が起こっていた。

ピョンチャンに入ったジャズミン選手に、国際連盟から「W杯の出場資格がない」との連絡が入ったのだ。W杯の出場資格である「直前の24カ月に3つ以上の滑走コースで5つ以上の国際競技大会に出場していること」という規定を満たしていないという。

ジャズミン選手は、この規定をクリアしていることに自信を持っていた。国際連盟の判断は、ジャズミン選手の米国代表からジャマイカ代表への移籍に関係するもので、移籍の事務手続きがあと1日早く完了していれば問題なかったという。ジャズミン選手はW杯出場を断念し、大会の際にコースを確認するテストパイロット役になる交渉を進めた。とにかく、ピョンチャンのコースを滑走し、下町ボブスレー新型機の比較テストを実行したい。

2月12日、國廣がジャズミン選手から連絡を受け、主要メンバーにメッセージを送る。

「悲惨すぎて、これ以上ジャズミンに質問できません。昨日、国際連盟から通知が来たようです。滑走回数が規定を超えていないようで、レースに出る以前に、今回のピョンチャンではテスト滑走さえできないようです……」

下町メンバーがソリを間に合わせるために、いかに奮闘したかを知っているジャズミン選手は、深く落ち込んだ。夫であるサーフ選手がジャズミン選手を励ます。サーフ選手は届いたばかりの8号機をピョンチャンのコースでテストした。6号機の課題をすべて改善した8号機を、サーフ選手は高く評価してくれた。

ピョンチャンの地で、ジャズミン選手は決定がくつがえるのをじっと待った。しかし、チャンスは訪れなかった。

細貝がジャズミン選手に声をかける。

「これはこれで終わったこと。引きずっても仕方ない。次を目指すよ！」

沈むジャズミン選手を、今度は下町プロジェクトが励まし、復活を信じる番だった。

3　戦闘準備完了

蝶への進化

2017年4月23日・日曜日の朝5時、競技シーズンを終えたジャズミン選手とサーフ選手が羽田空港に到着した。國廣の案内で区内の民泊施設にチェックインする。

大田区は全国で初めて特区民泊制度を導入し、注目を集める「民泊」の先頭を走っている。そのなかの一施設がジャマイカチームのために無償での宿泊を提供してくれた。「ワーオ、素敵な部屋ね」と言う間もなくマテリアル第3工場へ移動し、14時から開発会議が始まった。

マテリアル第3工場の2階には、ピョンチャンから戻ってきたばかりの下町ボブスレー8号機と9号機が並べられていた。大田区町工場の下町メンバーと、ボディを担当する東レ・カーボンマジックの技術者・石井源治、ジャズミン選手とサーフ選手がソリを囲む。

「ヘルメットがボディにぶつかるのを避けるため、9号機もコックピットを広げたいの」

ジャズミン選手のリクエストに、石井が細いメンディングテープで、ボディを切り取るラインを描

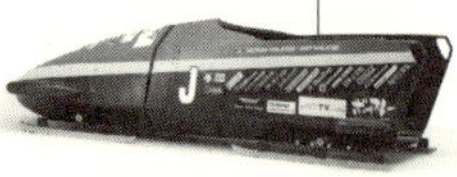

いてゆく。また、昨年12月以来のレギュレーション問題を確認するため、ボディ各部分の寸法を検討する。東レ・カーボンマジックが「このまま作っても結局直すことになる」と指摘していた部分が多い。それでも石井は嫌な顔ひとつせず、選手の声に対応していった。

昨シーズン中に9号機を滑走テストできなかったのは痛い。しかし、下町スペシャルの6号機・8号機と、ジャマイカスペシャルの9号機は、フレームが共通でボディ形状だけが違う兄弟モデルだ。

男子のサーフ選手は、6号機を改良した8号機の仕上がりを高く評価していた。ピョンチャンに姿を見せたトッド氏も、理想のボブスレーとして設計しながら形にできなかった世界最小クラスのボブスレーが、9号機として見事に形になったことに感動し、下町ボブスレーのものづくりの力を高く評価していた。

しかし、細貝はこの3台態勢に満足せず、さらに10号機の製作を決定した。9号機のフレームをさらに軽量化し、前後の重量バランスを理想に近づけるものとなる。鍵を握る部品はリアフレーム前部。下町メンバーはこの部分を「リアブロック」と呼んでいた。

リアブロックは、リアフレームの最前部に位置し、フロントフレームとの接続シャフトを支える基幹部品で、住宅で言えば「大黒柱」、人の体で言えば「腰骨」のような部品だ。通常のソリでは、この部分を含めたフレーム全体を、鉄板を折り曲げる「板金加工」で作っている。荷重のかかるリアフレーム前部を多少頑丈に作るだけで、この部分には特に名称がつけられていなかった。

これに対して下町ボブスレーでは、ソリ全体の精度を左右するこの部分を、巨大な金属の塊から削り出す「一体削り出し加工」で製作し、板金加工で作るほかの部分と合体させていた。時間とコストのかかるこの製造方法をすでに6号機、8号機、9号機とも採用しているが、10号機ではさらに部品の肉厚を極限まで薄くし、航空機部品並みのコストをかけて製作することになった。

この結果、エースのジャズミン選手には、メインマシンとして10号機、サブマシンとして9号機の2台のソリを提供する形になる。お金のかかるボブスレー競技では、普通のチームは選手1人にソリ1台の態勢で戦っている。クルマのＦ１レース並みにサブマシンを用意するのは、米国代表などトップチームに限られていた。資金不足に悩む下町ボブスレープロジェクトが、ジャマイカ連盟との契約に明記している「３台の無償提供」を超えて10号機を作るのは、愛するジャズミン選手のメダル獲得のために、できることをすべてやる、という決意の表れだった。

4月26日夜、下町ボブスレープロジェクトの公式スポンサー各社に集まっていただき、２０１６－２０１７競技シーズンの活動成果とピョンチャン五輪に向けた方針を報告する「スポンサー説明会」が開催された。会場は、ＪＲ蒲田駅の南口にある「プラザ・アペア」。その1階ロビーに下町ボブスレーとジャマイカカラーのヘルメットが展示された。プラザ・アペアは、大田区民の結婚式や大田区企業のパーティーに使われている施設で、大小さまざまな宴会場を備えていた。

18時30分、開会。2階の会場には結婚式のように丸テーブルが10卓並び、それぞれ7～8人ずつスポンサーや地域の産業団体トップが座っている。まず、細貝が小さなステージであいさつに立つ。

「かつて大田区の町工場は、醤油を貸し借りするように工具を融通し、連携してものづくりをしていました。その連携が薄れたなか、下町ボブスレーは町工場の新しい連携の形を作っています。そして、こうしてピョンチャン五輪に手が届くところまできました。みなさんのご支援に感謝します」

続いて國廣が活動報告に立つ。

「まず、ピョンチャンのW杯に出場できなかったことをお詫びします」

と切り出した。五輪本番はソリ本体に広告関連のステッカーを掲示できないのに対し、W杯はスポンサー各社のロゴを貼った状態で出場できる。スポンサー各社の宣伝効果を考えれば、W杯出場は極めて重要だった。しんとする会場に向かい、國廣はこの間のソリ製作やジャマイカチームの競技参加状況を説明してゆく。来季計画の説明から再び細貝に交代し、10号機の新規製作や、日本人選手の応援を続け、日本チームの下町ボブスレー採用を最後まであきらめないことを説明していった。

来賓として最初にあいさつした松原忠義大田区長は、下町プロジェクトの奮闘を褒め、

「ものづくりの町である大田区を挙げて下町ボブスレー応援団を旗揚げしたい」

と提案してくれた。区長を発起人として、東京商工会議所大田支部、大田工業連合会、大田区商店街連合会、大田観光協会が参加する。事前に打診を受けた細貝は、ありがとうございます、と感謝したうえで、

「奉加帳を回すような形で無理に寄付金を求めるのはやめてください」

と伝えていた。下町ボブスレー応援団は、大田区産業経済部を事務局に、賛同した各団体のイベン

トなどを通じ、寄せ書きやバッジプレゼント、オリジナル動画の上映などの応援キャンペーンを展開してくれることになった。

続いて、在日ジャマイカ大使館のリカルド・アリコック大使がスピーチした。

「きょうのメニューには大田区名物の羽根つき餃子がないようですが、問題ありません」

と笑わせながら、日本とジャマイカの交流について話す。すっかり大田区通になっている。

東商大田支部の浅野健会長は「素晴らしいよ。みんなでジャマイカ・キングストンへ行こうよ」と熱い。スポンサー代表のNTTぷらら・板東浩二社長は「最後まで下町プロジェクトを支えるよ」とエールを送り、乾杯のあいさつに立ったスカイマーク・市江正彦社長は「下町ボブスレーのロゴをつけた飛行機を飛ばしましょうか」と会場を沸かせた。ゲストは全員がスピーチの名手で、会場は温かい応援ムードに包まれた。

ジャズミン選手と浅津選手、川崎選手の3人が、下町ボブスレー公式グッズの「チョロQ」を配って歩く。小さな手のひらサイズの下町ボブスレーチョロQは、緑と黄色のジャマイカカラーモデルと、赤と白のジャパンカラーモデルを用意していた。選手との会話、記念撮影で会場が盛り上がる。

そして、ジャズミン選手があいさつに立った。

「ピョンチャンで9号機をテストできなくてごめんなさい。下町のソリはどんどん良くなっています。私たちは8号機にバタフライという愛称をつけました」

蝶が舞うように軽々とコースを滑走する下町ボブスレー8号機。着実に進化する下町ボブスレーは、いもむしが蝶に成長したといったところだろうか。

最後にスポンサーの白銅・角田浩司社長が中締めのあいさつに立つ。25年前、細貝がマテリアルを創業した時、角田氏は白銅の営業担当係長だった。会社を立ち上げたものの苦闘する細貝と妙にウマのあった角田氏は、大田区の小さな町工場に過ぎないマテリアルと材料取引の口座を開く。大手企業である白銅との取引は、特殊な材料の仕入れや信用補完でマテリアルの支えとなった。25年が経過し、角田氏は上場企業の社長に、細貝はマテリアルを成長させ下町ボブスレーのリーダーになった。

「五輪がどうなるかはわかりません。下町チームもスポンサーも、悔いを残さないようにやっていきましょう。そして、最後にみんなで笑いながら酒を飲めればいいと、私は思います」

下町プロジェクトの強みは、温かいスポンサーに支えられていることにあった。

4月28日には記者会見を開き、10号機の新規製作を発表した。

その夜、下町メンバーとジャズミン選手、サーフ選手が京急蒲田駅前の中華料理店に集まった。10号機の新規製作で、またあわただしい日々が始まる。その前にメンバーはビールやハイボールで乾杯し、うまい餃子を食べ、あちらこちらでソリ談義を展開している。お～い、選手にあいさつしてもらうよ～と國廣が大声を出し、狭い店のテーブルの間にサーフ選手が立つ。

「下町ボブスレーは、ほかのソリと全然違うんだ。一つひとつのパーツを作ってくれたみんなと、一緒に走っている気がするんだ」

おお〜、がんばれ〜、と店内が盛り上がる。続いてジャズミン選手が立つ。

「世界を転戦する生活のなかで、日本に来ると家に帰ってきた感じがするの。みんな、本当にありがとう」

と泣き出してしまった。みんなの拍手が鳴りやまない。最近密着取材を始めたばかりのテレビのディレクターが、いいシーンが撮れたと笑みを浮かべながら、「下町ボブスレーでは、取材しているメディアもチームの一員みたいになるという話がよくわかりましたよ」とつぶやいている。

「悔いを残さないために、俺たちはもっと厳しく取り組まないといけない。ピョンチャン五輪まであと10カ月しかないんだ。みんな、よろしく頼む！」

細貝が締め、ピョンチャン五輪参戦の最終準備が始まった。

前祝いの花火

6月13日18時、大田区産業プラザＰｉＯの特別会議室で、ピョンチャン五輪に向けた最後の製作説明会を開いた。部品製作に協力する町工場42社に加え、イベントなどを手伝うボランティア希望者も製造業以外の会社などから24人が集まった。仕事で説明会には参加できないが部品製作を手伝うよ、という町工場も17社あった。

最初にあいさつに立った細貝は、

「みなさんが部品を作ってくれたのに、ソチ五輪には参戦できませんでした。初代委員長として改めてお詫びします。でも、みんながあきらめなかったから、きょう、ピョンチャンへの道がある。みんなでがんばりましょう！」

と、プロジェクトの過去と未来を見つめた。製作を統括する西村は、再び、150枚を超える部品図をすべて持ち歩き、24時間態勢で町工場の問い合わせに応える毎日に突入した。

下町ボブスレーの部品製作は、2012年に最初の1号機を製作して以来ずっと、大田区の町工場に無償で協力してもらっている。タダの仕事だからと手を抜く者はいない。

「無償だからこそ、持てる最高の技術を投入してくれる」

と細貝は考えていた。150枚の部品図のほとんどは、名前もないような小さなパーツだ。その小さなパーツが組み合わさり、いくつかのユニットとなり、それを組み立ててボブスレーのフレームが完成してゆく。下町プロジェクトに参加するすべての町工場で、最高の10号機を作る作業が進んだ。

高橋俊樹が社長を務める東蒲機器製作所は、旋盤加工を得意としている。旋盤加工は、材料を回転させながらバイト（刃物）を当てて円筒形の部品を作る。材料の固定、回転速度の設定、バイトの選択、バイトを移動させていく送り速度の調整、そのすべてが職人のノウハウだ。高橋は、丁寧に丁寧に最後の部品を削っていった。ソチ五輪前に同じ作業をしていたころ、高橋の母親が亡くなった。ソチでの下町ボブスレーの活躍を見ていてくれよ、と思いながら部品を削った日が思い出された。

五城熔接工業所社長の後藤智之は、まだ若いのに高度な溶接技術を身につけている。たくさんの小さな部品を接合するのに溶接は欠かせない技術で、ボブスレーの製作において溶接の作業量は多い。部品をつなぐ接着剤にあたる被覆アーク溶接棒の選定、火花を飛ばす電圧の設定といったノウハウはもちろん、溶接では手作業の精度が求められる。一つひとつの部品を1000分の1㎜の精度で切削加工しても、溶接時にわずかに曲がって接合されたらボブスレーの精度は狂う。切削加工の町工場が丹精込めて作った部品を前に、溶接の失敗は許されない。後藤は、師岡鈑金製作所社長の師岡正雄らと連携し、下町ボブスレーの溶接作業を支えていた。

金属材料は、一つひとつがわずかなゆがみを内包している。坂田玲璽《れいじ》が技術部長を務める上島熱処理工業所は、金属材料を加熱・冷却する熱処理の専門家集団で、材料の組成を調整して特性を変え、最後の仕上げではわずかなゆがみを矯正してゆく。切削加工から溶接・板金加工を経て、ほぼ完成したフレームは上島熱処理に持ち込まれ、高度なノウハウを持つ職人がフレームのほんのわずかなゆがみを修正していく。

ボブスレーには樹脂部品はあまり使われていない。ケィディケィの佐藤武志や岸本工業の須藤祐子といった樹脂切削チームは、ボブスレーのハンドルなど数少ない樹脂部品の製作のほか、ボブスレーを移動する際に履かせておく「ダミーランナー」の製作といった地味だが絶対に必要な作業でプロジェクトを支えていた。

大きな部品も加工できる関鉄工所には、いくつかの工程を経た部品が運び込まれてくる。切削加工、穴加工、溶接加工されたフロントフレームを前に、社員が社長の関栄一に相談した。

「社長、この穴までの距離の寸法精度は362・7㎜プラスマイナス0・05㎜と指定されているんですけど、溶接の後ですから0・05㎜の精度なんて出てるはずないですよね」

「そうだね、厳しいよね。しょうがない、工程増えるけどうちで面を削り直すか」

どれくらい削ればいいのか、現状の寸法を測ってみる。

「社長、寸法、出ました！」

「いくつだった？」

「わずかプラス0・01㎜です！」

「マジ⁉」

「下町ボブスレーの人たちって、すごいですね」

穴加工の職人が最高の加工をし、上島熱処理がフレーム全体のゆがみを取り除いても、途中で溶接加工が行われれば熱の影響で穴自体が歪《ゆが》む。溶接後の部品は精度が出ていないのが普通だ。しかし、五城熔接工業所の後藤は、熱が影響しないよう配慮し、最高の精度で溶接加工した部品を次の町工場へ送っていた。

今回の部品製作は、メディアにも公開した。部品製作は無償でお願いしているため、ほとんどの町工場は本業の仕事が空いた時間にボブスレーの部品を加工する。すなわち、いつボブスレーの部品を加工するかわからない。今回は、特別に町工場6社が事前に加工日時を決め、取材に対応してくれた。

大手自動車メーカーの大規模な工場と違い、地価の高い大田区の町工場は人が一人通れる通路を除いてぎっしりと工作機械が並んでいる。テレビカメラを構えられるスペースはごく狭い。撮影対象として人気があるのは、火花の散る加工だった。絵になるのである。金属の板から部品を切り出すレーザー加工を行う尾熊シャーリングの取材には、テレビ局5社が集まった。社長の尾熊稔文《としふみ》は、撮影用にインターホンのパネル部品の材料を用意してくれていたが、テレビ局の記者は本物のボブスレーの部品加工を希望した。

「でも、今回頼まれたボブスレーの部品は小さいから、切り始めたら5秒で終わっちゃいますよ?」

しかも、レーザー加工機は危険防止のため、作業中は機械のドアを閉める。加工の様子は、小さな2枚のガラス窓からしか見られない。

「どうします? ジャンケンで勝った2社だけ撮影しますか?」

それもあんまりだ。大人のカメラマンたちが肩を寄せ合い、前後2列に並び、前列のカメラマンは腰をかがめた。ぎゅうぎゅうの不自然な姿勢で5人のカメラマンが小さなガラス窓の向こうの金属板をレンズ越しに見つめている。

「いいですか? いきますよ? スタート! ……はい、終わり!」

一瞬の盛大な火花は、下町ボブスレーのピョンチャン五輪参戦を前祝いする花火のように見えた。

最も加工が困難な部品は、大黒柱に相当する「リアブロック」だった。

巨大な鉄の塊から複雑な形状のリアブロックを削り出していく加工は、材料とエンドミル（回転する刃物）を5つの軸で自在に動かす最新の5軸マシニングセンターを使っても、気が遠くなるほどの時間がかかる。その間、本業の仕事をすることはできない。1年前の6号機の製作では、三陽機械製作所の黒坂が男気を発揮して引き受け、社員たちがリアブロックを1週間かけて削り出した。プログラムを組んでは削り、切削中に次のプログラムを組み、また削る。その作業の繰り返しは深夜0時近くまでおよんだ。

今回の10号機では、さらに削る部分を増やして部品を薄肉化・軽量化するため、加工の負担はさらに重くなる。

「マテリアルでやるよ」

細貝が宣言すると、製作の分担とスケジュールを統括する西村が少しほっとした表情を見せた。

部品加工が一斉に始まり、7月20日の定例会で國廣が嬉しそうに報告する。

「えー、まず製作の進行状況ですが、マテリアルさんがバシッと納期遅れです（笑）」

「すいません。エンドミルが溶けてカリフラワーみたいになりました」

マテリアルはアルミ材料の切削加工を主力としている。リアブロックの材料はアルミより硬い鉄だ。さまざまな加工分野に詳しい西村が解説する。

「1日で外形まで削り出したのだから、フルスピードの設定ですよね」

「本業のお客さん対応を考えたら短納期対応は絶対必要だから、どこまでできるか限界を攻めてみたんだよね」

金属切削のプロ中のプロと周囲が認める柏もコメントする。

「鉄はいやらしいですよね」

「いやらしいのはあなたでしょ（笑）。柏ちゃん、一度、マテリアルに来ない？　技術交流しようぜ」

大田区町工場の総力を挙げて、10号機の製作が進んでいった。完成した新たなリアブロックは、部品単体の重量を従来比35％減の14kgまで軽量化することに成功し、ボブスレーの前後重量配分を理想の4対6にすることに成功した。

下町ボブスレージェット就航

「え！　本当にやるんですか？」

「市江社長はやる気満々」

奥田が驚き、細貝は電話の向こうで笑っている。スポンサー説明会でスカイマークの市江社長が話した「下町ボブスレーのイラストを配した飛行機を飛ばす」というアイデアが実現することになった。もう7月に入っているが、秋には飛ばしたいという。

このアイデアは、細貝の「妄想」から始まっている。細貝は早くから「大田区のみんな150人で五輪に応援に行く。飛行機は下町ボブスレーのイラストを描いたチャーター機！」と仲間やスポンサーや周り中の人々に言いふらしていた。五輪応援ツアーはコンペの結果、JTBが主催者となり、7月6日に募集が始まった。部品製作に関わった町工場のみんなは、五輪本番を見たいはず、と予想したが、年度末に近い2月に20万円近くかけ、2泊3日の弾丸ツアーに参加しようという者はまだ限られていた。チャーター機は難しいが、国内路線で特別デザイン機として「下町ボブスレージェット」を運航することにスカイマークが賛同してくれた。

細貝は、機体にソリのイラストだけでなく、スポンサーのロゴを貼ることにこだわった。下町プロジェクトはスポンサーの協力がなければできなかった。しかし、飛行機の機体に民間企業のロゴを多数並べた例は過去にない。スカイマークは「下町ボブスレーのスポンサー全社が参加するなら検討したい」とのことだった。

下町ボブスレーの公式スポンサーは21社。このうち、ボディ製作を担当する東レ・カーボンマジックなど自社技術・商品を提供するスポンサーを除き、資金を提供していただいているスポンサーは17社ある。まず、この17社に「現時点で絶対に無理」というところがないかを確認したうえで、8月1日に説明会を開くことになった。

この話に驚いたのは、スカイマークの現場もスポンサー企業の担当者も同じだった。スカイマークはプロ野球球団やアニメのキャラクターのジェット機を飛ばしているが、今回の下町ボブスレージェットは準備期間が圧倒的に短い。下町ボブスレーのスポンサー各社も、多くは上場企業であり、年度途中でプロモーション計画を追加する根回しは大変だ。参加の内諾を取るため、各社の宣伝・広報担当者や総務担当者が社内を走り回った。

スポンサー各社の意思を確認し、説明会を開けることが決まったものの、決定がぎりぎりだったため、説明会の運営手伝いが集まらない。8月1日の説明会は、細貝、奥田、マテリアルの竹内栄智の3人だけで運営した。スカイマークから「また乗りたいね！ 推進室」室長の中西と内海が説明役として参加した。

下町ボブスレージェットの使用機材はボーイング737－800型で座席数177、羽田空港を拠点に北海道は新千歳空港から沖縄は那覇空港まで、全国10空港をつなぐスカイマークの就航路線で運航する。運航期間は10月から翌年12月ごろまで。機体には下町ボブスレーや大田区の花である梅のイラストをあしらい、主翼の前の下部にスポンサーロゴを並べる。概要を説明したうえで、各スポンサーにお盆休み明けには正式に稟議を通していただくようお願いした。

「上場企業に短期間でめちゃくちゃなことをお願いしているよね。でも、やる！」

細貝のアイデアは止まらない。下町ボブスレージェットの発表と、ピョンチャン五輪向け新型機の完成披露記者会見を、同時に羽田空港にあるスカイマークの機体格納庫で開くことになった。

2017年の夏は、新型ソリの製作、下町ボブスレージェットの準備、五輪応援ツアーの参加呼びかけなど、五輪に向けたさまざまな準備がバタバタと進んでいった。さらに資金不足に悩むジャマイカチームのため、細貝は公式スポンサーの数社にジャマイカ選手のスポンサーにもなってあげてもらえないかとの交渉を進めた。下町ボブスレープロジェクトは、五輪本番に向けさらに加速を続けていた。

スカイマーク機体格納庫

2017年10月5日、朝7時30分。羽田空港の一角にあるスカイマークの機体格納庫は、周囲を高いフェンスに囲まれ、事前に入館申請した者だけにゲートを開く。下町メンバーはトラック2台と乗用車5台に分乗し、ゲートを通ると駐車場を抜け、高さが数メートルはあるであろうシャッターをくぐってクルマごと格納庫に入った。格納庫の巨大な空間の真ん中に、ボーイング737‐800がある。機体の後ろ半分には緑と黄色に塗られた下町ボブスレーのイラスト。機体上部には「東京 大田区から世界へ」とコピーが描かれ、機体前半の下部にはデータ集めから色合わせまで超特急で準備したスポンサーロゴが並んでいる。機体の前のステージ上には、前日に東レ・カーボンマジックから戻ってきたばかりの新型9号機が置いてある。

昨夜23時までかかった会場設営で照明に浮かび上がる下町ボブスレージェットを見ているが、朝日が差し込む格納庫で見上げる機体とボブスレーのイラストの巨大さに、下町メンバーは改めて、

「すごいこと、やっちゃったな」

と感じていた。

まず、午前9時からスポンサー向けの撮影会を行った。スポンサー各社のトップや担当者が、受付順に下町ボブスレージェットの前で記念撮影する。各社の広報活動や宣伝活動で写真をフルに活用してもらうために時間を確保した。下町メンバーが交代でスポンサーをアテンドしている。どのスポンサーも笑顔だった。

10時45分からメディア向けの記者会見を開始した。スカイマーク広報課の奥田の司会で会見が進む。細貝が「6年で10台のソリを作ってきました。自信作です。メダルを取りたい」とあいさつし、スカイマークの市江社長が「この機体は1日に6回ほど飛行します。1日1000人の方にお乗りいただくとしても、1年で36万5000人です」と話す。

ステージ上のソリにかぶせた青い布を取り払う

機体にソリのイラストを配した「下町ボブスレージェット」は、細貝の「妄想」がスカイマークの協力で実現した（2017年10月5日）

と、カメラのフラッシュが一斉に光った。普通なら記者会見では最新の10号機をお披露目するところ。ステージ上のソリが9号機になったのは、ジャマイカ連盟のクリス・ストークス会長から「マテリアルチェックを受けられそうなので、10月2日までにカルガリーに送ってほしい」と連絡がありスケジュールが2週間前倒しになったためだ。6号機と8号機は9月20日に発送。10号機は9月25日には発送しなければ間に合わないのだが、まだボディが完成していなかった。そこでできたばかりの10号機のフレームに、すでにある9号機のボディをドッキングして何とか10月頭にカルガリーに到着していた。9号機は10月末に韓国・ピョンチャンで開かれる国際トレーニング期間で使用するため、発送スケジュールに余裕があった。10号機用に作った新しいボディを9号機のフレームに組み合わせ、きょうの記者会見終了と同時に、この格納庫内で日本通運に引き渡すことになっていた。

正午に会見が終わると、日本通運のトラックが格納庫内に入ってきた。醍醐倉庫に寄って回収してきたアルミコンテナをスカイマークの整備部門の施設担当者がフォークリフトで下ろし、下町メンバーが寄ってたかってステージ上の9号機をコンテナに収める。整備台などの付属品を確認し、コンテナの蓋《ふた》を閉めた。フォークリフトでトラックに積み込まれた下町ボブスレー最後の1台が、ピョンチャンへと旅立っていく。下町メンバーは「あとはジャマイカチームに任せた。がんばれジャズミン！」とトラックを見送った。

予想を超えた展開

ところが、ボブスレーの神様は甘くない。10月9日月曜祝日の朝6時45分、國廣の緊急メールに下町主要メンバーが叩《たた》き起こされる。

「プッシュバーが折れました」

プッシュバーはスタートの時だけ引き出して、パイロット役の選手がソリを押すためについている。滑走スタート後はボタンを押すとソリ本体に格納される仕組み。この格納機構がひっかかり、無理に押すと折れてしまったらしい。下町メンバーの間でメールが飛び交う。

「はあ？」

と、信じられない細貝の短い返信。

「スペア製品がすぐに必要です」

「状況がわかる写真を添付して！」

「東レ・カーボンマジックにすぐ手配！」

「いちから作っていたら時間がかかります」

「ドイツにある7号機のプッシュバーをはずして送りましょう」

「すぐドイツに連絡！」

「現在、マテリアルの鈴木さんと東レ・カーボンマジックの石井さんが電話で協議中」

「ドイツ、確認取れました。国際宅配便で13日現地配達！」


プッシュバー対策にメドが立つと、翌10日11時30分にはジャマイカチームから
「エマージェンシー（緊急事態）！」

と、國廣にメールが届く。カルガリーに到着した3台のソリが、すべてマテリアルチェックで不合格になったという。内容を確認すると「リアアクスル（後ろの車軸）から３００㎜上がったところのボディの幅は４００㎜以上なければならない」との規定に対し、わずか１㎜ほど足らないと指摘されたという。あれだけ検討し、対策を講じても、審査員によって必ず何か出てくるのがマテリアルチェックであることを、もう一度、思い知らされた。

下町メンバーとジャマイカチームの緊急テレビ電話会議を開く。ジャマイカチームの事務方からは
「このままではジャマイカチームは五輪を棒にふる！」

と厳しい声が上がった。ジャズミン選手が、

「振動吸収性などは２００倍くらいいい感じよ」

とかばってくれる。

何が出てくるかわからないマテリアルチェックへの対応に、今回の下町チームは冷静だった。すぐに東レ・カーボンマジックの石井がカルガリーに飛んでくれることになった。ブロアー（送風機）や加熱器が現地で調達できることを確認する。13日に出発、19日まで滞在し、問題をすべて解決した。

注目の初戦

オリンピックイヤーの競技シーズンが開幕した。カナダのカルガリーでキャンプを開始したジャマイカチームから「去年のソリより100倍いいよ！ ありがとう！」とメールが届く。チーム内で選手のセレクションが行われ、韓国・ピョンチャン五輪に挑むジャマイカ代表ボブスレーチームのパイロットは、女子がジャズミン・フェンレイター選手、男子がセルドウィン・モーガン選手に決定した。ジャズミン選手の夫であり下町ボブスレーの開発に力を貸してくれたサーフ・ビクトリアン選手がはずれたことは残念だが、アスリートの世界は厳しい。

注目の初戦は、11月4日・5日に開かれたノースアメリカンカップのカナダ・ウィスラー大会。ジャズミン選手の後ろでブレーカーを務めるキャリー・ラッセル選手は、2013年の世界陸上でジャマイカ代表として400mリレー（100m×4人）に出場し金メダルを獲得している。そんな超一流のアスリートをブレーカーとして発掘できるのが、陸上王国・ジャマイカのボブスレーチームの強みだ。

ノースアメリカンカップ・ウィスラー大会の競技2日目、ジャズミン・キャリー組はスタートタイム5・31秒と参加チーム中で最速のスタートダッシュをみせ、2本合計の滑走タイムで2位、南国・ジャマイカにボブスレー競技で初めての銀メダルをもたらした。使用機材は下町ボブスレーの最新マシン、10号機。大会に参加した強豪チームの関係者が「あの速いソリは何だ？」と下町ボブスレーを取り囲んだ。

男子も、あの長野での採用テストや居酒屋で共に過ごしたセルドウィン選手が、ブレーカーのマシュー・マクナリー選手とのペアで下町ボブスレー6号機に乗り、競技2日目に10位とまずまずの成績を残した。

今後、ジャズミン選手はノースアメリカンカップとW杯、セルドウィン選手はノースアメリカンカップを転戦し、順位に応じて与えられるポイントを蓄積して五輪出場権の獲得を目指す。五輪本番の直前、2018年1月半ばの時点で、男子は上位30チーム、女子は上位20チームがピョンチャン五輪への出場を許される。ジャズミン選手とセルドウィン選手が、いまの調子を維持してくれれば五輪出場は難しい話ではない。陸上王国・ジャマイカの身体能力と、日本のものづくり技術を結集した下町ボブスレーの組み合わせは、ピョンチャン五輪のボブスレー競技で、ダークホースとなるかもしれない。


6年間の悪戦苦闘を経て、下町メンバーは多くを学んだ。わかったことは、下町ボブスレーの物語は常に予想を超える展開になること。2018年2月のピョンチャン五輪が、どんな結末になるのかは誰にもわからない。しかし、下町ボブスレープロジェクトに参加したすべての人々は、それぞれがベストを尽くし、夢の実現を信じている。

おわりに

細貝淳一より読者のみなさまへ

下町ボブスレープロジェクトの財産は、人のネットワークだと思っている。普通に町工場のおやじをやっていたら決して会えなかった大手企業の有名経営者や、大臣や大使、メディアの記者といった方々にお会いし、貴重なアドバイスをいただくことができた。また、大田区の町工場同士の新たなネットワークも構築できた。高度成長期に町工場の先輩方は、醤油を貸し借りするように工具を融通し合い、加工ノウハウを提供し合っていた。そんな関係が薄れた現代に、町工場同士の横の連携で「完成品」を作る新たなネットワークを形成することができた。下町ボブスレーを支えてくれたスポンサーや協力町工場をはじめ、本当にたくさんの方々に心からお礼を言いたい。ありがとうございました。

先日、下町メンバーの定例会議で、韓国・ピョンチャン五輪終了と同時にプロジェクトの活動に区切りをつける、と投げかけてみた。まだ答えは出ていない。これまでのように、町工場の経営者が本業の傍らボランティアで下町ボブスレープロジェクトを続けるには限界がある。本当に世界に挑戦す

るところまできた下町ボブスレーは、今後、あのＢＭＷと同じことをする立場にあり、時間も手間も資金も、その負担はあまりにも大きい。

しかし、私たちには人のネットワークがある。下町ボブスレーは「町工場プロジェクト」と報道していただくことが多いが、実際には東レ・カーボンマジックや名前を出していない大手企業を含めたくさんの技術者・専門家のみなさんの協力を得ている。大手企業には高度な研究開発力や大規模な実験設備があり、中小企業にはアイデアと実際に形ある「もの」を作るノウハウやスピーディーな行動力がある。下町ボブスレーが夢の実現に近づいたことは、日本のものづくりの強みが、そんな大手と中小のコラボレーションにあることを示しているのではないか。

今後は本業でも、開発力まで備えた「究極の下請け」として大手企業と仕事をさせていただき、世界に向けて日本のものづくりをアピールしていけたらどんなにいいだろう。そして、経済的に自立したネットワークのなかでボブスレーの開発を続け、愛するジャマイカチームだけでなく日本代表チームともう一度協力して「オールジャパン」で取り組めば、２０２２年２月の北京冬季五輪で本当にメダルが見えてくる。それが私と、次の世代の町工場経営者の「妄想」だ。

奥田耕士より読者のみなさまへ

時折、「ピョンチャン五輪で日本代表に勝ってください！」と激励してくださる方がいるのだが、誤解がある。下町ボブスレープロジェクトは日本代表チームも応援している。日本ボブスレー・リュージュ・スケルトン連盟は、下町ボブスレーに2度の不採用通告を行ったが、それはアスリートの集団として、その時点時点で競技に勝つ可能性が少しでも高い機材を選択したということだと思う。日本連盟のスタッフは、どこの馬の骨ともわからない町工場軍団の大騒ぎに辛抱強く付き合ってくださり、本書のゲラも確認して出版を認めていただいた。改めて日本連盟の皆様に感謝するとともに、下町ボブスレーが本当に速ければ、いつか必ず日本代表チームのソリとして採用していただけることを信じている。

下町ボブスレープロジェクトの広報担当者として、メディアの皆様にもお礼を言いたい。このプロジェクトは、メディアに育てていただいたと思っている。たくさんの記事や番組は、町工場のみなさんを励まし、厳しい場面でも自信を失わずプロジェクトを継続することができた。また、毎年数千万円の活動資金を必要とするプロジェクトだけに、たくさんの報道がなければスポンサーを集めることもできなかっただろう。そして何より、記者のみなさんが中立公正な立場で不採用を報道する一方で、プロジェクトメンバーの一員であるかのように一緒に笑い、時には涙を流してくださったことが嬉《うれ》しかった。

私自身も元新聞記者として、日本のものづくりを取材してきた。町工場には加工技術のノウハウだけでなく、アイデアと開発力、行動力と活気がある。かつてはソニーもホンダも町工場だった。戦後の日本がものづくりの国として世界で活躍するようになる過程で、町工場が果たした役割は大きい。町工場を「相見積もりで安い方へ発注する相手」としか見ないのはもったいない。日本の大手メーカーに元気がないと言われる時代に、逆に町工場が自らの存在をアピールし始めている。町工場プロジェクトとしてメディアに登場する「江戸っ子1号」、「全日本製造業コマ大戦」、「下町ボブスレー」がほぼ同時期にスタートしたのは偶然ではない。

いま中小企業振興の仕事をしている私は、日本のものづくりの復活には、大手企業が町工場の活力を生かす必要があると考えている。これだけの技術力を持った町工場が数多く集積している国はほかにない。大手と中小が協力して日本から新しい製品を世界へ送り出し、下町ボブスレーが五輪の舞台で金メダルを獲得する姿を現場で目撃したいと思っている。

下町ボブスレー協力者一覧

メインスポンサー

ひかりTV

サブスポンサー

伊藤忠商事㈱
全日本空輸㈱
㈱東芝

スポンサー

SUS㈱
オイレス工業㈱
㈱オージーケーカブト
さわやか信用金庫
城南信用金庫
スカイマーク㈱
㈱ソフトウェアクレイドル
㈱ダイトーコーポレーション
ディー・クルー・テクノロジーズ㈱
㈱デサント
東レ・カーボンマジック㈱
日東工器㈱
日本通運㈱
日本工学院専門学校
白銅㈱
㈱マテリアル
㈱ミツトヨ

協力企業・団体

㈱IRO
㈲朝倉技研
㈲アストップ
㈱荒井スプリング工業所
有坂弁栓工業㈱
㈱イグアス
生田精密研磨㈱
㈱石井金属
㈱石塚製作所
㈱いづみ商事
㈲イデ
㈲伊藤工業製作所
㈲いわき精機製作所
㈱岩間工業所
㈱インプレッシオ
㈱ウイル
㈱上田製作所
㈲ウェディア
㈲梅津精機製作所
㈱浦製作所
栄商金属㈱
㈱エース
㈲エステー精工
江戸っ子1号
NTU㈱
NPO法人クリエーター支援機構
㈱MJS
オイレス工業㈱
王大工業㈱
大木発條製作所
大肯精密㈱
(一社)大田観光協会
大田区
(公財)大田区産業振興協会
オータ工業㈱
大田ブランド推進協議会
㈲大利根精機
㈲大野精機
大森運送㈱
大森精密工業㈱
㈲尾熊シャーリング
小野商鋼㈱
㈲オリオン印刷社

㈲カシワミルボーラ
㈱桂川精螺製作所
㈱加藤研磨製作所
㈱上島熱処理工業所
㈲神代工業
㈲川端製作所
㈲岸本工業
㈱キョウエイ
㈱協福製作所
㈱クライム・ワークス
㈱クロニット
ケィディケィ㈱
㈲ケーエム商会
河野製作所
㈲光信機工
㈲五城熔接工業所
小林溶接
サイクルハウスコミヤマ
㈱酒井ステンレス
佐々木発條㈱
㈲里中精機
さみづ放電加工
㈱三信精機
㈱三陽機械製作所
㈱サンリキ

㈲三和製罐
㈱ジェイテクト
下町ボブスレー実行委員会
㈱シナノ
シナノ産業㈱
㈲十王製作所
㈱昭和製作所
進栄製作所
㈲信成発條製作所
新東京歯科技工士学校／新東京歯科衛生士学校
㈲鈴木機工製作所
澄川精密㈱
㈲清和精密工業
㈲関鉄工所
仙台大学BLS部
全日本製造業コマ対戦
㈱双新電子
醍醐倉庫㈱
㈱泰信製作所
㈱ダイニチ
大明工業㈱
大和鋼機㈱
㈲太陽精器製作所
㈱高桑製作所

㈱武田トランク製作所
㈱辰美製作所
㈲田中梱包
タマノイ酢㈱
㈱中興社製作所
筑波鉄工㈱
堤工業㈱
TKC東京中央会
デコランド㈱
デジスパイス㈱
電化皮膜工業㈱
東京航空計器㈱
東京商工会議所大田支部
東京大学
㈲東蒲機器製作所
東レ・カーボンマジック㈱
同和鍛造㈱
㈲栃木製作所
都南工業給食協同組合
㈱ナイトペイジャー
㈲長島工業所
㈱南武
新妻精機㈱
㈱西居製作所
ニッソウ工業㈲

日本アスペクトコア㈱
日本マイクロソフト㈱
㈱NexusAid
根本製作所
㈱ハーベストジャパン
㈱ハタダ．
㈱馬場
㈲磐梯工業
合同会社BANTEC
光写真印刷㈱
㈲肥後商会
平一プレス工業㈱
㈱平川製作所
㈲平野製作所
㈲平林製作所
㈱ヒロオ
深田パーカライジング㈱
㈱武甲製作所
㈲富士精機製作所
富士セイラ㈱
富士通㈱
㈱富士テクノマシン
㈱藤原製作所
㈱フルハートジャパン
㈱ベータ

堀越精機㈱
ホワイト・テクニカ
マゲテック㈱
㈱松浦製作所
㈱マテリアル
マミフラワーデザインスクール
㈲黛製作所
㈲丸鷹製作所
ムソー工業㈱
睦化工㈱
㈲望月塗工研究所
㈲師岡鈑金製作所
㈱山小電機製作所
山宗㈱
㈱ユカ
㈱ヨシザワ
㈲ラップ
㈱リサイクル・ネットワーク
リタジャパン㈱
㈱レゾニック・ジャパン
㈱渡辺精機
㈱渡辺鍍金工場

個人

池田仁
鵜飼信一
大井公美子
加藤孝久
金子信敏
喜多豊
栗原幸介
栗山浩司
宍戸俊文
島雄正一
竹内里奈
田中常雅
茶園昌宏
土屋雄民
DJ Masterkey
夏目幸明
伴田薫
舟久保利明
渡瀬美葉
脇田寿雄

【以上50音順】

細貝淳一（ほそがい・じゅんいち）
下町ボブスレーネットワークプロジェクト推進委員会ゼネラルマネージャー。株式会社マテリアル代表取締役。1966年、東京大田区生まれ。1992年に26歳でアルミ販売・加工を得意とする株式会社マテリアルを設立し、上場企業30社を含む約500社と取引する企業にまで成長させる。現在の取引先は、防衛機器・衛星機器・OA機器・カメラ機器・測定機器・自動車機器・通信機器・医療機器など多岐にわたる。2003年、2008年、2013年に、人や街に優しく、技術や経営にも優れた工場を表彰する「大田区優工場」の認定を受けている。2006年には東京都信用金庫協会より「優良企業特別奨励賞」を、2010年には東京商工会議所より「勇気ある経営大賞　優秀賞」を、2011年には東京都より「中小企業ものづくり人材育成大賞〈奨励賞〉」を受賞している。2012年より、下町ボブスレーネットワークプロジェクト推進委員長を務め、2014年から現職。著者に『下町ボブスレー』（朝日新聞出版）がある。

奥田耕士（おくだ・こうじ）
公益財団法人大田区産業振興協会・地域型産業推進課長。1964年神奈川県生まれ。東京都立大学工学部機械工学科卒、1987年に日刊工業新聞社入社。編集局でベンチャー、流通・サービス、パソコン、半導体、自動車、総合商社の取材を担当した後、2005年から2006年に南東京支局長として大田区の町工場を取材した。本社秘書部長、編集局中小企業部長を経て2012年退社。大田区産業振興協会に転じ、スタートしたばかりの下町ボブスレープロジェクトをはじめとした地域産業のプロモーションや、中小企業の経営サポート、商業・サービス業振興、勤労者共済事業などを担当する。著書に『経済記者発広報部御中』『傳田信行　インテルがまだ小さかった頃』『進化する老舗「福助」再生物語』（いずれも日刊工業新聞社）など。

■下町ボブスレー公式ウェブサイト　http://bobsleigh.jp/

下町ボブスレーの挑戦
ジャマイカ代表とかなえる夢

2017年12月30日　第1刷発行

著　者　細貝淳一・奥田耕士
発行者　友澤和子
発行所　朝日新聞出版
〒104-8011
東京都中央区築地5-3-2
電話　03-5541-8814(編集)
　　　03-5540-7793(販売)

印刷所　大日本印刷株式会社

ISBN978-4-02-331643-0
定価はカバーに表示してあります。